当代室内设计理论要素解析及发展研究

万学汇 著

中国纺织出版社

内容提要

随着人民生活水平的提高，人民对于住宅的要求已经不仅限于遮风挡雨，而是越发追求符合自己心境与品位的室内氛围。因此室内设计受到越来越多的关注。本书首先对室内设计的理论进行深入的阐述；然后再对进行室内设计时的景观陈设、采光布置以及进行室内设计需要用到的材料和色彩搭配等多方面要素进行研究；最后对室内设计的发展进行研究和展望。

图书在版编目（CIP）数据

当代室内设计理论要素解析及发展研究 / 万学汇著 .
—北京 : 中国纺织出版社 , 2018.4 (2022.1 重印)
ISBN 978-7-5180-2790-3

Ⅰ. ①当…　Ⅱ. ①万…　Ⅲ. ①室内装饰设计–研究
Ⅳ. ① TU238

中国版本图书馆 CIP 数据核字 (2016) 第 169177 号

责任编辑：武洋洋　　　　　　　　责任印制：储志伟

中国纺织出版社出版发行
地址：北京市朝阳区百子湾东里 A407 号楼　邮政编码：100124
销售电话：010–67004422　传真：010–87155801
http：//www.c–textilep.com
E–mail：faxing@e–textilep.com
中国纺织出版社天猫旗舰店
官方微博 http：//www.weibo.com/2119887771
北京虎彩文化传播有限公司　各地新华书店经销
2018 年 4 月第 1 版　2022 年 1 月 第 9 次印刷
开本：710 × 1000　1/16　印张：13.5
字数：241 千字　定价：68.00 元

凡购本书，如有缺页、倒页、脱页，由本社图书营销中心调换

前　言

随着改革开放的深入进行，我国的社会生产力逐步提高，人民生活越来越富裕。在这样的大背景下，人们对于居住和工作环境的要求不光是要好，而且越来越追求完美，或温馨舒适，或充满个性。因此室内设计这一领域的发展也十分迅速。无论是居民住房，还是办公地点，都越来越有设计感，而不是简单的贴个瓷砖，铺个地板。但目前在室内设计领域内，对于设计理论和要素解析的著作甚少，展望未来的也不多。为此，作者特撰写本书，从理论和要素两个方面对室内设计进行了详细的阐述，并且对室内设计当前和未来的发展做了进一步的研究。

本书内容共分为七章。第一章首先对室内设计的理论进行了深入的研究，在叙述了基本概念后，对其理论原理进行了详尽的阐述；第二章先是探讨了室内设计的背景，其后对室内设计当中一个特殊的领域——风水进行了研究；从第三章到第六章对室内设计当中的各个要素进行了详细的剖析阐述，其中，第三章从室内景观和家具陈设两个方面对室内设计的布置进行了叙述；第四章则对室内设计中不可缺少的色彩要素进行了研究；第五章从采光和照明等方面对室内光线要素进行了阐释，第六章则研究了室内设计中涉及的各种材料及其搭配；在最后一章中，作者研究了室内设计的发展及现状，并对室内设计的未来发展趋势进行了展望。

本书注重理论，并且切合实际，选用了大量图片与理论阐述加以搭配，图文并茂，使读者更有兴趣，也更加容易理解书中内容，从而达到学以致用的目的。

本书在撰写过程中借鉴了很多专家的研究成果，在此向各位专家和作者表示衷心的感谢！与此同时，限于作者水平以及成书实践的关系，书中难免会出现瑕疵及不足之处，还望广大专家读者批评指正！

作者

2017 年 12 月

目　录

第一章　当代室内设计理论解析

本章将首先对当代室内设计的基本概念进行详细的阐述，其后对当代室内设计的理论原理进行深入的解析。

第一节　当代室内设计的基本概念

一、室内设计的概念

现代室内设计也称为室内环境设计，是人为环境设计的一个主要部分。室内设计从宏观上看，能反映当时社会物质和精神生活的特征，也和当时哲学思想、美学观点、社会经济、民俗民风等密切相关；从微观上看，能反映设计者的专业素养和文化艺术素养。

（一）室内设计的定义

室内设计是对室内环境的一种设计，最终的目的是为人服务。所以在进行设计时，设计师要立足于现代人们的生活环境，运用艺术和技术的手段，创造出满足人们物质和精神生活需求的室内环境。

所谓的物质需求是指室内环境要有使用价值，能够满足相应功能要求；从精神需求层面讲，要求室内环境能反映历史文脉、建筑风格、环境气氛等精神因素。

室内环境设计中的“环境”是指独立于人们以外的客观条件，是一种空间，由光线、形状、设备、空调等构成的与人的各种关系。环境包括两部分内容，一部分是自然环境，指的是如阳光、空气、山水、土石、花草等一些自然景观；另一部分是人工环境，包括城市环境、建筑环境、室内环境等人为打造出来的环境。

“设计”的本质是处理人的生理、心理与环境关系的问题。如果设计师在设计过程中不考虑业主的心理感受，只是单纯的“美化”室内环境并不解决人在特殊环境下的生理需求及环境对人的特定限制。因此，要求设计师在设计过程中要将业主的感情要求融入环境设计中，处理好人与物的各种关系，包括：人与材料、人与造型、人与声音、人与色彩、人与光线、人与经济、人与地位、人与生活习惯等。

由此可见，室内设计是为人们室内生活的需要而去创造、组织理想生活时空的环境设计；它是建筑设计从室外到室内的“景象化”“物质化”的过程；是建筑设计的延续，是建筑空间概念深化的体现；它是一项涉及多学科、多工种、多内容的混合性设计。

（二）室内设计的几大部分

现代室内设计可以概括为三大部分，其一是室内环境设计，其二是室内装修设计，第三个就是装饰陈设设计。接下来我们来具体看看这三部分都分别包括哪些内容。

（1）室内环境设计。首先对室内环境设计的内容进行分类，我们可以将其分为空间视觉形象设计和空间环境设计两部分；其次，室内环境设计过程中所涉及的内容有对工程技术的要求以及对建筑、社会、经济、文化、环境等因素的综合考虑，是一个完整体系构成的室内设计。

（2）室内装修设计。偏重于从工程技术、施工工艺、利用不同的材料，按照一定的尺度和比例，对室内的地面、墙面、天花板等界面以及门窗等建筑构件进行处理。

（3）室内陈设设计。说起室内陈设我们都不陌生，我们可以将其理解为摆设品、装饰品，也可理解为对物品的陈列、摆设布置、装饰。可以作为室内“陈设”的物品有很多种，室内装饰陈设的目的则在于美化，主要偏重于从视觉艺术的角度选择和配置室内的家具、软装饰品及陈列艺术品。

室内陈设品的内容非常丰富，从广义上讲，室内空间中，除了维护空间的建筑界面以及建筑构件外，一切实用或非实用的可供观赏和陈列的物品，都可以作为室内陈设品，如图 1-1-1 的（1）~（5）所示，展示的是一些可以作为室内陈设的物品。

从上述三种室内设计的内容之间的关系来讲，首先它们是彼此相互依赖的，只有三者结合才能创造出合理有效的室内空间环境；其次，室内装饰陈设和室内装修是现代室内设计的重要组成部分，但室内空间环境设计远比室内装饰陈设，室内装修具有更加广泛的含义。总的来说，三者各自有着重要的意义，同时彼此又相互依存、缺一不可。

（1）

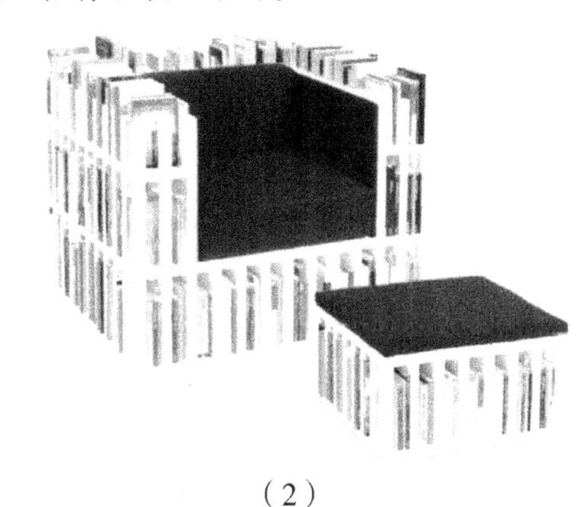

（2）

（3）

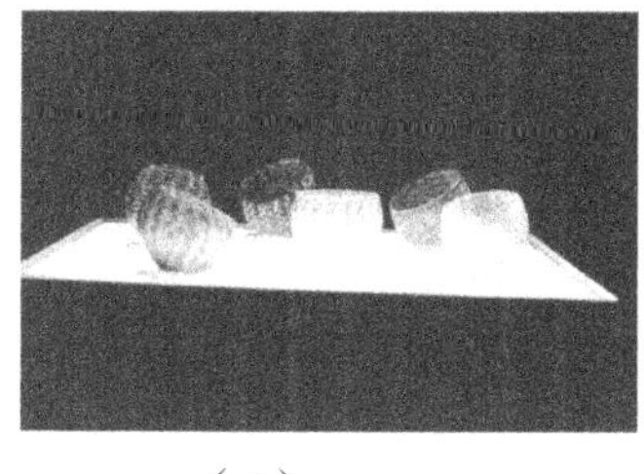

（4）

（5）

图 1-1-1　室内陈设物品

二、室内设计的认识

（一）室内设计的范围

从古到今，人类的日常生活从来都离不开衣、食、住、行这几件事。而“住”可以说是人类最早的生产活动之一，从最初人类赖以避风遮雨的岩洞、坑穴，到后来人们自己修建房屋，甚至到后来金碧辉煌的宫殿、府邸；从单一的以“住”为目的，到为了满足生活需要而形成的各类建筑；从产生对自然单纯膜拜的建筑到气势恢宏的帝王和神明的陵墓、寺庙、教堂等，人们不断地用自己的劳动来创造生活。

然而，人类的活动空间绝不是简单的“容器”。在具有一定的建筑空间营造能力之后，人类开始对空间提出在使用上更高的质量要求，如他们不仅满足于有活动的空间，更要求空间有良好的通风、明亮的采光和照明、宽敞的居室、良好的隔声效果等。除了这些生理上的基本需求外，如“空间气氛”“空间格调”“空间情趣”“空间个性”等抽象的“精神功能”也被要求与使用功能相协调，这使得室内空间设计逐渐从建筑设计中独立出来，并形成了一门独立的学科。

概括来说，室内设计是在建筑设计的基础上应运而生的，是一种人类创造生存环境和提高环境质量的活动。

（二）现代室内设计的特点

从20世纪20年代开始，随着建筑设计在世界范围内的变革，新建筑所造就的新室内空间与传统的室内空间设计产生了巨大的反差，一批勇于探索的建筑师、设计师也以富于创新精神的实践和探索开创了现代室内空间设计的先河。经过近百年的发展和演变，现代室内空间的设计已经逐步完善和独立起来，室内设计的发展也已经扩展到全世界的范围内。

结合室内设计与现代社会的关系来看，我们可以认识到现代室内设计有以下几个特点。

（1）室内装修越来越多地采用现代工业的成果，对手工艺技术的依赖程度越来越低。

（2）追求个性化的空间质量。只有不断创新才能有发展，因此在技术条件允许的情况下，在设计上尽可能追求独创性与新颖性。

（3）讲求实用功能，更加注重空间的舒适度，而不是片面的装饰效果。

（4）追求室内空间的整体艺术氛围的表现。室内设计不仅存在对室内空间的装饰和实用效果，随着人们对精神生活的要求的提高，空间的整体氛围表现也是设计中需要考虑的一个重点部分。

（三）室内设计的作用与意义

随着时代的发展，消费者对于家居装修的看法也发生了很大的变化，越来越多的人已经认识到家居装修的重要性。而设计是装修的灵魂，下面我们主要从功能和美观这两个方面来探讨一下设计。

首先是功能的设计。设计师所做的设计目的就是使业主住得舒心，能达到这个房间应该达到的效果，这既是基础也是终极目标之一。如果要对室内装修的实际运用做一份详细的数据分析可能不是一两句话就能说完的，但是一名合格的设计师会利用他们丰富的实践经验将这么多复杂的理性问题轻松解决。

其次，是美观上的设计。设计的产品不仅要满足功能上的要求，美观的设计让住的人更舒心。设计师的每一笔对设计都会产生重要的影响，专业的设计师的每一笔都凝聚着丰富的专业知识和实践经验。正所谓牵一发而动全身，一处败笔就会破坏整个效果。相应的，好的设计不仅能使室内空间环境呈现出一个好的效果，还能反映主人的兴趣爱好、生活习惯，营造舒适的生活空间，陶冶生活情操，提高生活质量。

除了上述两点最基础的内容外，室内设计还有更重要的宗旨，那就是满足人们的生理和心理需求。

衣食住行是人类生存之本，随着人们生活水平的提高，人们对这些方面的要求也越来越高，尤其是住房问题，它不仅是一所房子，更是一个家，是一份内心的安定。家对于每个人的定义都是不同的，但是家在人们心中的地位是重要的。一个温馨的家会让人们感觉放松、舒服、依赖，但是一个环境很差的生活空间不仅起不到满足人们心理需求的作用，还会对人的身心健康造成危害。所以室内设计和装修在现在这个时代中起着非常重要的作用。

为了满足人们的生理、心理需求，在设计时需要设计师综合地处理人与环境、人际交往等多项关系。现代室内设计是一项综合性极强的系统工程，它包括视觉环境和工程技术方面的问题，也包括声光热等物理环境以及氛围、意境等心理环境和文化内涵等内容。

室内设计师根据建筑物的使用性质、所处环境和相应标准，运用物质技术手段和建筑设计原理，创造功能合理、舒适优美、满足人们物质和精神生活需要的室内环境。这一空间环境既具有使用价值，同时也反映了历史文脉、建筑风格、环境气氛等精神因素。室内设计在实际生活中的作用和意义也会进一步深化。

第二节　当代室内设计的理论原理

一、当代室内设计的内容

（一）室内与建筑的关系

虽然室内设计已经成为独立的一门学科，但是对于学习者来说一定要明确建筑的基础地位，室内和建筑有着不可分割的关系，室内空间设计不可能脱离建筑而存在。

建筑是室内空间设计的载体和框架，室内空间设计根据建筑形成的空间来进行优化和深化设计。建筑的尺度和空间类型是为了满足人的使用要求而设计的，同时讲求技术和艺术，并随着社会的发展而变化。建筑空间中的实体构件主要包括墙面、地面、天花、门窗、隔断以及楼梯、梁柱、护栏等内容。室内设计是对建筑内部空间进行的设计，在这个过程中，对空间内的这些构件都要进行详细的考察及分析，根据功能与形式原则，以及原有建筑空间的结构构造方式对它们进行具体设计，从空间的宏观角度来确定这些实体的形式。另外，微观角度的部分也不能忽视，包括界面的形状、尺度、色彩、虚实、材质、肌理等因素都是影响室内空间环境的重要成分，在设计时，要仔细思考每一个细节部分对整体环境造成的影响，要满足业主对私密性、审美、风格、文脉等生理和心理方面的需求。此外，这里还包括各构件的技术构造以及与水、暖、电等设备管线的交接和协调等问题。

建筑可以按性质分为民用建筑和工业建筑，民用建筑是为人的使用而设计的，工业建筑是为机器的使用而设计的，两者有着本质的区别。其中民用建筑中按不同的使用要求，分为居住、教育、交通、医疗等许多的类型，室内空间设计也就随这些功能而展开深化。

作为建筑设计的一部分，室内设计同样也具有这些特点，并且对时代的脉搏和时尚的冲击有着更为敏锐的反映。要做好室内空间设计必须从了解建筑空间开始。只有先了解了建筑空间的特点，才能决定哪些内部功能设置在什么样的空间部位，为室内设计奠定基础。如图 1-2-1 所示，为一幅综合性建筑结构剖析图。

现今社会很多人认为室内装饰就是室内设计，甚至很多的初学者也单纯地认为追求室内空间风格化、特异化和所谓的个性就是室内设计，其实这些认识都只是浅显的、片面的。装饰或装饰风格都是表面的行为方式，是表达效果的手段，做好室内空间设计就要从了解和整理室内功能开始，从而构建出空间构架，是结构性的设计。有一个好的空间结构再辅助于合理的装饰，甚至无须装饰，空间也将经得起时间和实践的考验。

图 1-2-1　综合性建筑结构剖析图

了解了室内设计与建筑的关系，下面我们一起来看看在室内设计过程中，设计师们需要考虑哪些因素呢?

1. 人的生理要求

室内空间设计同建筑设计一样有着朝向、保暖、防潮、隔热、隔声、通风、采光、照明等方面的要求，当然，这些要求在建筑设计的过程中就得到初步的限定和解决，室内设计中要尊重和理解建筑设计的原初，不要因为一味地追求效果而忽略了这些人对于空间的生理需求。随着物质技术水平的提高，满足这些生理要求的可能性也会日益增大，可以通过室内设计来体现以人为本的细微化、个性化设计。

2. 人的活动尺度要求

室内空间设计的尺度是比建筑设计更加细化的人的活动尺度，建筑空间给出了人的活动对室内空间大致的比例和估算，室内空间设计时就要在这基础上去分析人的活动方式，从而推导出以下几种关系。

（1）人和人的活动关系。室内空间承载着人的活动，所以要满足每个个体和个体之间的活动与交流。反过来说，人的活动是构成空间的单个细胞。

（2）人和家具的关系。人的同一个活动发生在不同的空间会产生不同的功能要求。

（3）家具和空间的关系。室内空间中包含了不同的家具，它们根据人的活动和使用而设计并不断组合，最终充满了空间。

3. 人的行为过程和特点

人们在各种不同功能的室内中活动，经常是按照一定的顺序或路线进行的。比如一个医院的设计，就有着复杂的流线，从患者来说有预检、挂号、候诊、就诊再到化验、付费、取药等，要充分考虑每一个功能合乎实用的面积、各功能之间的先后顺序以及相互串联流线的距离和方式，才能合理地安排好患者的就医。又比如一个学生餐厅的设计，不是简单地把餐桌、餐椅布满就好了，还要考虑在就餐高峰时段的排队空间，既不让就餐和排队的人相互干扰，又不能把排队空间的面积预留太大，显得利用率不高。这些看似简单的事情其实都是要经过细致推敲的，所以行为过程的安排是设计的基础，可以说设计的过程也是解决问题的过程。

同理，各类不同的室内空间都具有具体的特点，如观演类建筑注重看和听，图书馆建筑的阅读和出纳管理，试验类建筑对温度、湿度、细菌控制有要求等。这些都属于必须解决的功能问题。

（二）室内环境设计原理

室内物理环境设计主要是对室内空间环境质量的设计。主要包括采暖、通风、温度调节等能够改变室内环境的各方面的设计处理，是现代设计中尤为重要的方面，也是体现设计“以人为本”思想的组成部分。人在室内环境中进行生产和生活，室内物理环境舒适与否直接关系到室内设计的实际使用功能的实现程度，因此，室内环境应从生理上符合和适应人的各种要求。随着科学技术的进步，室内温度、湿度都能够进行比较精准的控制，声环境和光环境通过技术和材质也能得到保障，因此，物理人工环境人性化的设计和营造已成为衡量室内环境质量的标准。虽然这些因素都可以由先进的技术来控制，但是从根本上看，在实际操作中，这些工作还是需要由相关的专业人员来配合解决。对室内设计师来说，虽然未必要成为每个领域的专家，但至少应该有一定程度的了解，以便工作中的协调配合与宏观调控。

室内设计的目的是创建室内空间环境为人服务。室内环境的最重要内容是服务于人，室内设计环境需要考虑的方面很多，如人对视觉环境、听觉环境、触觉环境等的身心体会。对于现在室内环境的设计，必须要充分考虑客观环境因素和人对环境的主观感受，只有达到两者的统一，才能真正满足人们对室内环境的需求，达到“天人合一”的艺术境界。

接下来我们就一起来看看室内环境设计时都要考虑哪些因素。

1. 视觉环境设计

视觉环境设计分为“室内视觉环境”和“室外视觉环境引入室内”两部分。

（1）室内视觉环境设计

室内视觉环境可以通过人工照明进行营造。在卧室等相对私密，照度要求不是很高的区域，可以采用光带、筒灯、壁灯等形式营造温馨、安静的环境。对于公共区域，人流较多，可以采用照度较高的荧光灯进行室内视觉环境的设计。

视觉环境除了灯光照明的控制外，色彩也是视觉环境塑造的重要因素。例如，人们看见粉色和白色搭配容易让人联想到草莓冰淇淋那种甜甜的味道，产生甜蜜的感觉，在设计女孩房间和柔美氛围的空间场所中比较适用。同理，米黄色容易让人联想到阳光，用黄色来装饰房间容易让人产生阳光般温暖的感觉。因此，通过色彩来引起使用者空间视觉环境的方法得到普遍的使用。

（2）室外视觉环境的引入

室外环境可以像风景画一样被引入到室内环境中。如果室外环境比较光亮，在室内的环境中应有相应的布艺等遮挡，避免室外环境过度影响室内环境。如果室外环境相对比较理想，合理地进行室外视觉环境的引入有利于增加室内环境的空间效果。这种做法在中国古典园林景观中被称之为“借景”，即通过洞口及角度的选择，将远处比较好的景致引入使用环境的做法。现代室内设计中，比较常用的借景手段就是通过窗洞或者玻璃等比较通透的材质进行室外景致的引入，在餐饮及展示空间中被广泛地使用。

2. 听觉环境设计

室内听觉环境的设计主要包括两个方面，一个为降低噪声的环境设计，一个为隔声环境的营造。只有处理好这两个构造，才能保证室内环境中听觉环境的相对舒适。

（1）降低噪声的设计。降低噪声可以通过采用低噪声的设施和设备，也可以增加空间的阻隔来达到降低噪声的目的。将功能空间按照动静分开的形式进行布置，也能够比较有效地保证静态区域噪声的控制。很多对降低噪声要求比较高的室内场所，如酒吧、练歌房等空间，室内墙壁经常采用能够消耗声能的软包设置，或者采用多孔吸音板等材质进行设置，其主要目的就是为了有效地降低噪声及声音的反射对室内声环境造成的干扰。

（2）隔声环境的设计。噪声发生的位置一般在卫生间和具有试听功能的区域，在这样的区域需要对墙面及管道进行特殊的隔声处理。墙面采用吸声材质、增加管道封闭面的厚度，都能够有效地对噪声进行控制。有关数据显示，楼板厚度在70毫米左右的隔声效果为楼板厚度在100毫米左右隔声效果的60%左右，很多室内空间为了有效地进行隔声处理，设置多级吊顶，或者在天花板中采用吊顶及软膜相结合的形式进行设计，起到了很好的隔声作用。

3. 触觉环境设计

冷热环境的处理、通风和自然采光环境的处理属于触觉环境设计中的重要组成部分。空调设施、通风管道的设置都是触觉环境设计的主要设备。现代建筑中已经普遍使用地热采暖的形式进行冬季的采暖，这样不仅增加了室内冬季采暖的温度，也节省了供暖设施的占地，有效节约了使用面积。空调也是室内触觉环境控制的主要设备，集中式空调和独立式空调根据使用空间要求的不同进行不同的设计，集中式空调一般在酒店及办公的室内进行使用，便于温度的统一管理，独立式空调根据每个使用单元的面积进行选择和使用。

室内空间是大空间中的小空间，是大环境中的小环境，同时也是建筑界面相对于自然的内侧空间。室内环境设计与外部空间、庭院、绿化、陈设艺术品、日用工业产品等密切相关，根据不同功能的室内设计要求，室内设计人员在设计之前应尽可能地熟悉相关基本内容，了解具体的环境施工因素，以及相关的施工工艺，以方便设计时更好地把握诸项施工因素、客户的审美心理等内容，在设计过程中可以与有关工种人员相互协调、密切配合，从而结合各方面的内容进行高效地室内空间环境的设计。

下面我们通过图 1-2-2 来具体展示室内环境设计的内容。

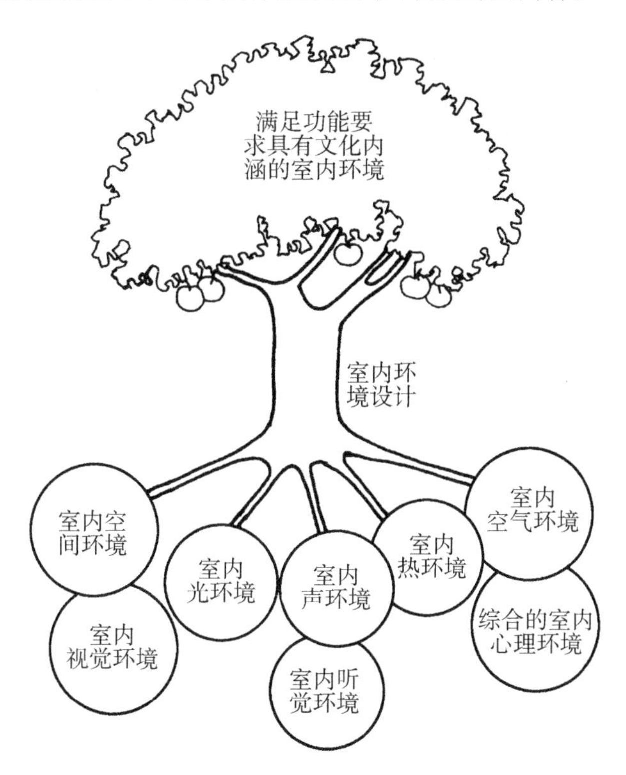

图 1-2-2　室内环境设计的内容

（三）室内空间设计原理

空间是室内设计的主角。空间是一个限定的范围，在这个范围里，各种实体之间相互关联，形成一种环境，称为空间环境。所谓空间设计指的是对建筑空间进行的细化设计，包括对建筑物内部的所有空间及其环境进行的设计。所谓设计就是通过重组、衔接、完善和再创造等方法将其中的环境进行调整，用一种新的方法或逻辑对空间的序列、比例和尺度等进行重新布置。对于空间设计的相关内容我们将在第三节中做详细论述，所以这里我们就不做过多讨论了。

（四）室内陈设艺术设计原理

室内陈设艺术设计包含的内容比较广泛复杂，家具、陈设、灯具、绿化等都可以列为室内设计的内容，它们对烘托室内环境气氛，形成室内设计风格等方面起到举足轻重的作用。所谓室内陈设，就是相对地可以脱离界面布置于室内空间里的物品设置，也就是说它们既可以作为一个独立的个体，又可以与界面相结合。在室内环境中，室内陈设用品一般包括实用性和装饰性的饰品设计，实用的摆设可以为居住的人带来使用价值，如家具、灯具等；而装饰类的摆设则是负责调解室内环境的氛围，一般不具备实用性，如壁画、艺术欣赏类摆设等。实用和装饰的作用都极为突出，通常它们都处于视觉中显著的位置。

二、当代室内设计的原则

现代室内设计具有多样化的类型和风格，不同的风格都有着各自的特点和问题。要想解决这些问题，在设计时必须遵守一定的原则，这样设计才能与建筑相呼应，实现其真正的价值。因此，在以下内容中我们总结归纳了设计过程中应该遵守的几项原则。

（一）整体性原则

室内设计的整体原则的含义主要包括以下两个方面。

（1）室内设计在设计的全过程中应满足整体环境以及环境中人与物协调的原则。室内设计说到底是为人服务的，设计的对象不论是哪一类型的空间，都不是孤立存在的，在设计过程中，我们只有充分考虑到环境中人与物的和谐性才能使其更好地为人们带来便利。虽然设计中的建筑计划、环境定位、地域发展规划等内容不一定直接涉及室内设计，但在设计过程中也应全盘考虑。

（2）整体原则也指室内设计的内容应当是对室内环境整体性的规划。作为综合性的设计计划，设计者应对设计的进行方式和发展过程有深厚全面的认知，对空间应提供给使用者的功能与服务，相关的设备与工艺，以及可能的社会影响等，设计者都应面对并在设计中综合体现。

整体性原则是室内设计具体执行中最基本的原则。可以说，设计开始时的定位，包括功能、风格、投入资金等一系列基础定位，都是整体原则的结果，所以在很大程度上决定了设计作品最终的优劣。

（二）功能性原则

室内设计是对满足人生活与工作需要的建筑内部进行规划设计，为了创造并实现相对完善的空间功能，室内设计必须遵循功能原则，其内容主要包括以下三方面。

（1）设计必须满足使用者使用空间的各种物质需求。室内空间的存在是为使用者提供各种特定“用途”。设计者选用的材料、技术、结构构造等都是为这些“用途”服务的。例如，会议室的设计，不论其空间形状、色彩、灯光、家具尺寸、电气设备等是怎样，设计的原则都是满足会议室的功能和使用者具体行为的要求，会议的规模、会谈的类型、所需要的空间氛围及相关硬件配量是此类设计的根本。

（2）设计应当物化空间的认知功能。空间的外在形式不仅提供使用者生活的物质平台，也具备向人们传递信息的精神功能。构成空间的因素有很多，无论是整体的色彩、布局，还是材料的颜色、材质，又或者是室内的氛围、气味、温度等都在时时刻刻地向人们传递各种信息。例如，仅仅采用密排的书架、明亮的灯光可以向购买者指示出一个明确的购书场所；而采用角度倾斜的结构、纹理优美的木质做书架，加上舒适无眩光的光环境，则传达出温馨、尊重、文雅等象征意味。设计者有效地利用各种形式因素，不仅可以向使用者传达正确的信息，还可以增加使用者的认同感和环境的存在价值。

（3）设计应当完成空间的审美功能。美本就是人类生活中不可缺少的一个因素，只要存在的事物，就有它特别的地方，它的这种特性能使人们感觉舒服，看着很愉快。俗话说得好，生活中不缺少美，只是缺少发现美的眼睛。对于室内设计来说，设计的过程就是我们表现美的过程，或者说，设计师的任务除了满足人们对室内空间基本的功能需求以外，突出室内环境的气氛和美的特征，令人感到舒适也是他们应该实现的目标。

因此，室内设计作品一经实现，它也就自然地具有了审美功能。事实上，设计完成其审美功能时，应当唤起人的健康的、和谐的美感情趣。因此，作为现代设计师，首先要全面地提高自身的审美素质，以健康和谐的人生观、价值观促动自身作品的审美体验。当设计师面对现代人类多元的、复杂的审美需求时，内心应当是自由、充满生机的。

（三）安全性原则

在满足空间功能性的条件下，室内空间必须是安全的。这种安全性不仅体现在尺度和构件的合理设计中，室内环境也需要安全可靠的保障。例如，在幼儿园设计中，栏杆之间的宽度要小于 0.11 米，目的就是为了保证行为不定的儿童安全的要求。由于近年来人们对环保和绿色理念的关注，室内装修施工过程中装饰材料的环保问题受到大量关注。装饰材料是否环保，以及设计时大量辐射材质的应用是否适宜，直接关系着室内环境是否适宜进行使用。特别是老年人和孩子，身体抵抗能力较弱，对室内环境的敏感程度较高，室内空间的安全性成为人们关注的重点。

除了室内设计中使用的材料和结构构件的安全性以外，其他构成要素的安全性也十分重要。比如在室内设计中绿化的选择上，现在的人们越来越重视生活的质量和情趣，很多人都会在家里养些花花草草，不仅美化环境，还能净化空气。但是并不是所有的植物都适合摆放在家里的，如果不加以甄别，很多不利于人生活的绿化反而会使室内空间变得不安全。比如在室内种植夜来香，当夜来香夜间停止光合作用时，会排出大量有害气体，使居室内的人血压升高，心脏病患者感到胸闷，闻之过久会使高血压和心脏病患者病情加重。不仅室内的摆设会影响人的心理和生理，很多人对室内色彩也存在一定的感觉差异。有试验表明，以红色为基调的室内设计比蓝色为基调的室内设计视觉温差达到 2 度，对于不同体质的人会有不同的影响。

（四）经济性原则

经济性是室内设计中十分重要的原则，针对同一个方案，十万元可以进行装修，一百万元同样也可以进行装修。采用什么样的标准来进行设计，不同的需要在设计中会有不同的价值体现，只有符合需要的适用性方案才能保证工程的顺利进行。在设计方案阶段遵循经济适用性原则，设计师能够根据使用者提供的经济标准，对设计内容进行组合，在保证艺术效果的同时，还能避免资金浪费，从而保证使用者的需求达到最优化。

（五）可行性原则

设计方案最终要通过施工才能得以实现，如果设计方案中出现大量无法实现的内容，设计就会脱离实际，成为一纸空谈。同时，设计技术的关键环节和重要节点，需要专业的施工人员对设计师的设计图纸表达的内容进行全面的理解，否则会出现设计与效果之间较大的偏差。设计的可行性要求设计必须符合现实技术条件、国家的相关规范、设计施工技术水平和能力的标准。

室内设计涉及多门学科，设计原则也涉及多方面内容。上面我们从整体、功能、经济、建造等角度谈论了室内设计应该遵守的五项原则，接下来我们从设计角度出发，共同来探讨一下室内设计中的空间原则和形式美原则。

（六）空间原则

在大自然中，空间是无限的，但就室内设计涉及的范围而言，空间往往是有限的。空间几乎是和实体同时存在的，被实体要素限定的虚体才是空间。离开了实体的限定，室内空间常常就不存在了。因此，在室内设计中，如何限定空间和组织空间，就成为首要的问题。下面我们就来具体谈谈这两点内容。

1. 空间的限定

在生活中，我们经常会见到各种空间限定的情况存在，不懂设计的人会觉得设计师的手下妙笔生花，真是神奇。其实，对空间进行限定设计是有一定的“秘密”的。说到空间限定会涉及三个方面，即原空间、限定元素和限定方法。所谓原空间，指的是还没有被限定的空间；限定元素指的是用来把原空间限定为限定空间的构件等物质；至于限定手法，这里会涉及覆盖、围合、凸起、下沉、肌理等的变化等。下面我们就一起来看看这几种方式在室内设计中是怎样限定空间的。

（1）覆盖。通过覆盖的方式限定空间是一种常用的方式。常见的例子就是我们的屋顶，可以起到遮风挡雨、遮挡强光等作用。

（2）围合。围合是指半封闭甚至大部分是全封闭的空间模式。通过围合的方法来限定空间是最典型的空间限定方法，最典型的例子如我们所居住的房子的墙壁，四周围合才能形成一个独立的空间。在室内设计中用于围合的限定元素还有很多，常用的有隔断、隔墙、布帘、家具、绿化等。

（3）凸起。凸起所形成的空间高出周围的地面，如榻榻米的构造就是典型的凸起限定。在室内设计中，这种空间形式有强调、突出和展示等功能，但是有时亦具有限制人们活动的意味。

（4）下沉。与凸起相对，下沉是使某一领域低于周围的空间的一种限定方法。下沉设计一般会使室内空间存在一个高低的对比，它既能为周围空间提供一处居高临下的视觉条件，而且易于营造一种静谧的气氛，同时亦有一定的限制人们活动的功能。在室内设计中常常能起到意想不到的效果。

（5）肌理、色彩、形状、照明等的变化。不仅那些实实在在的物体可以限定空间，在室内设计中，通过界面质感、色彩、形状及照明等的变化，也常常能限定空间。这些限定元素往往不是直接影响空间的布局，主要通过人的意识而发挥作用，一般而言，其限定度较低，属于一种抽象限定。

2. 空间的组织

一个规模较大的空间通常会被分为很多空间，这些空间往往又具有不同的功能，因此，在这些空间中需要一些连接方式将其组织起来。这里我们列举了三种常见的空间组织方式，下面我们就具体来看看这三种组合方式都有什么特点。

（1）以廊为主的组合方式。通过走廊连接各个独立空间，使其取得联系。

（2）以厅为主的组合方式。在古今中外的建筑空间内，厅都是一种极为重要的空间类型，它的作用有很多，是人们生活环境中不可忽视的一部分。从交通组织而言，它有集散人流、组织交通和联系空间的功能；从生活环境方面来说，它又具有观景、休息、表演、提供视觉中心等多种作用。因此，在室内空间布局时，亦常采用以厅为主的组合方式。

（3）以大空间为主体的组合方式。同“以厅为主”的组合方式有类似之处，这样的布局方式可以凸显出主体空间的重要性，因为它体量上比较大，所以主从关系十分明确。旅馆中的中庭、会议中心的报告厅等都可以成为主体空间。

（4）套间形式的组合方式。与“以廊为主”的组合方式有类似之处，套间形式的组合方式也是各个空间的组合体，它是直接把各使用空间衔接在一起而形成整体的一种组合方式。

（七）形式美原则

重视对形式的处理是建筑设计、室内设计乃至工业产品设计与景观设计的共同之处，对于任何设计来说，“美观”都是它最基本的要求，设计师的一项重要任务就是要创造美的环境。当然，“美”的含义很多很复杂，我们这部分内容主要来讨论设计的形式美。

室内设计有没有能被大家普遍接受的形式美原则呢？我们都知道，一项设计表达出来的效果是受到各个方面、很多因素影响的，时代的不同、地域、文化及民族习惯等的不同都会影响设计内容的体现。古今中外的室内设计作品在形式处理方面有极大的差别，但凡属优秀的室内环境，一般都遵循一个共同的准则，那就是多样统一。

所谓多样统一，就是既要达到多样化的要求，又要实现统一，那么怎样才可以实现两者共存呢？我们可以将其理解为在统一中求变化，在变化中求统一。简单来说，任何一个室内设计作品，在满足功能的前提下，一般都具有若干个不同的组成部分，这就是多样化的体现。对于统一性来说，指的就是各个部分之间的联系。就各部分的差别，可以看出多样性的变化；就各部分之间的联系，可以看出和谐与秩序。既有变化、又有秩序就是室内设计乃至其他设计的必备原则，也是我们实现多样统一的必备原则。因此，一件室内设计作品要唤起人们的美感，就应该达到变化与统一的平衡。

多样统一是形式美的准则，具体说来，它的内容主要包括四个方面，即：韵律与节奏，对比与微差，均衡与稳定，重点与一般。

1. 韵律与节奏

自然界中的许多事物或现象，往往呈现有秩序的重复或变化，这也常常可以激发起人们对美的感受，造成一种韵律，形成节奏感。下面我们就列举了几种常见的韵律表现形式，一起来看看它们各有什么特点。

（1）连续韵律。一种或几种要素连续重复排列，各要素之间会保持恒定的关系与距离。正是因为这种恒定的距离，整个韵律的表现形式往往给人以规整整齐的强烈印象。

（2）交错韵律。顾名思义，交错韵律是在对连续重复的要素进行相互交织、穿插而形成的。

（3）渐变韵律。渐变韵律和连续韵律有相似之处，都有各自要遵守的一定规律，但是两者的规律又不尽相同。如果说连续韵律中间相隔的是同样的距离，那么渐变韵律中间的距离就是逐渐变化的如逐渐加长或缩短、变宽或变窄、增大或减小等。渐变韵律往往能给人一种循序渐进的感觉或进而产生一定的空间导向性。

（4）起伏韵律。渐变韵律按规律增加或减小形成不规则的节奏感被称为起伏韵律。它的特点就是比较活泼而富有运动感。

2. 对比与微差

对比指的是要素之间的差异比较显著，微差则指的是要素之间的差异比较微小。两者作用于同一要素，却是两种相反的表现形式。对比和微差是室内设计中常用的两种手法。运用对比可以进行彼此间的烘托，如运用色彩的对比来达到使室内氛围变得温暖的效果；运用微差可以使不同的物体之间达成和谐状态。因此，巧妙地利用对比与微差，具有重要的意义。

3. 重点与一般

在一个有机体中，每个组成部分的功能都不一样，重要性也不同，因此，我们应该区别对待。首先，谁主谁从应该有明显的区分，否则就会主次不分，削弱整体的完整性；其次，我们应该清楚各个组成部分之间的关系。例如，各种艺术创作中的主题与副题、主角与配角、主体与背景的关系等，它们都是重点与一般的关系。在室内设计中，重点与一般的关系应用比较多的是运用轴线、体量、对称等手法而达到主次分明的效果。

此外，室内设计中还有一种突出重点的手法，即运用“趣味中心”的方法。所谓趣味中心，有时也称视觉焦点，指的是室内环境的重点和中心，它并不一定是体量大，但是位置非常重要，因此，可以起到点明主题、统率全局的作用。

4. 均衡与稳定

现实生活中的一切物体，都具备均衡与稳定的条件，受这种实践经验的影响，人们在美学上也追求均衡与稳定的效果。

一般而言，稳定常常涉及室内设计中上、下之间的轻重关系的处理，在传统的概念中，上轻下重，上小下大的布置形式是达到稳定效果的常见方法。

要想达到均衡的效果，一般要使各要素的左与右、前与后之间取得联系，常用的方法有完全对称、基本对称以及动态均衡。除此之外，在室内设计中大量出现的还是不对称的动态均衡手法，即通过左右、前后等方面的综合思考以求达到平衡的方法。

形式美是涉及各设计行业的原则，重点与一般、韵律与节奏、均衡与稳定、对比与微差是其中的重要基本范畴。对于室内设计而言，它们能够为设计师们提供有益的规矩，进而创作出美好的内部空间。

三、当代室内设计的风格与流派

（一）当代室内设计的风格

室内设计的风格和流派，是室内设计发展和演变所形成的客观现象，也是一定历史条件下文化发展的产物。反过来，它又能对文化、艺术以及诸多的社会因素产生影响。下面我们一起来看看随着室内设计的出现，都形成了哪些风格种类。

1. 传统风格

虽然室内设计在不断发展，但是传统的设计风格并没有丢失。在当代社会，传统风格的室内设计并不是完全意义上的抄袭传统文化中的设计，而是在室内布置、色调以及家具、陈设的造型等方面，借鉴传统设计中的主要特征。在西方，受传统文化的影响形成了多种设计风格，包括哥特式风格、文艺复兴风格、巴洛克风格、洛可可风格、古典主义风格等，都凸显了当时西方的经典特征；而中国的室内设计中，能明显看出属于传统设计风格的因素是外部造型和内部构造。从造型上来说，传统风格的特点体现在室内装饰品中尤为突出，如家具等通常具有明、清家具造型和款式特征，从它的外在形象和颜色中，我们甚至就可以看出它的传统特性；从内部构造来说，传统风格的室内设计吸取了我国传统木构架建筑室内的藻井天棚、挂落、雀替等的构成和装饰，继承了传统建筑风格的精髓。这里我们只是比较详细地列举了中国和西方的传统风格，事实上，每个民族都有自己独特的传统文化，它们所形成的风格也是各不相同的。如日本传统风格、伊斯兰传统风格等。传统风格最大的特征就是与历史相联系，受历史文化的影响，具有明显的形象特征，给人们以历史延续和地域文脉的感受。反映到室内设计中来，就是人们从空间形象上就能清楚地看到该建筑与历史文化之间的关系，以及民族文化渊源在其中的体现。如图 1-2-3 所示，是一幅表示传统风格的室内设计图，从图中我们可以看到很多古老风格的装饰品，代表着传统的文化特色。

图 1-2-3　传统风格

图 1-2-4　高技风格

2. 高技风格

除了讲究文化美，技术美在室内空间设计中的体现也能创造出一种独特的、颇有生气、不同凡响的设计手法。“高技风格”就是这样的一种风格体现。在这种风格的室内设计表现中，科技的进步扮演着很重要的角色。因为崇尚现代技术与机械美，所以将先进的技术与材料运用到建筑设计中去，突出当代工业技术的成就，并在建筑形体和室内环境设计中加以表现，强调工艺技术和时代感。高技风格的设计以暴露建筑的梁板、网架等结构部件及风管、线缆等各种设备和管线为基本特征。如图 1-2-4 所示，就是一幅高技风格的室内设计图。

3. 自然风格

室内设计的自然风格是指在室内设计中添加自然景观的成分。在自然风格的设计理念中，室内空间的构造应该更多地使用天然材料，如木料、织物、石材、竹材、藤材等，这些天然材料的纹理清新淡雅，能带给人恬静自由、回归自然的感受。同时，室内设计也必须注重环境的绿化，创造自然、简朴、高雅的氛围。如图 1-2-5，就是一幅自然风格的室内设计图，把天然材料引入室内，使室内空间显得清新自然了许多，也给人一种放松的感觉。

图 1-2-5　自然风格

4. 折衷风格

折衷风格也被称为“混合型”风格，原指19世纪法国流行的一种融合了多种风格的建筑设计，后引申为在设计中融合各种风格而成为一种特点的设计风格。折衷风格最大的特点就是混合各种不同的设计风格为一体，还能体现出自己独特的风格特色。在设计中不拘一格，但是匠心独具；在色彩和材质上看似不搭，却别有一番味道；在室内陈设上，融合古今中外，令人大饱眼福。在近代社会中，室内设计的风格五花八门，总体上呈现出一种多元化的趋势，兼容并蓄的现象越来越普遍。所以折衷风格是适应社会发展的一种新的设计体裁。如图1-2-6就是一幅折衷风格的室内设计图。

图1-2-6　折衷风格

5. 现代风格

20世纪初，一场现代主义建筑设计运动开创了当代设计的先河，现代主义风格也形成于这个时期。它的创始人——著名建筑师格罗皮乌斯认为：“美的观念随着思想和技术的进步而改变。”包豪斯在这场运动中起到了举足轻重的作用，它不仅重视教学过程中的手工艺制作，也强调设计与工业生产的联系。包豪斯学派的室内设计风格在这一时期产生了广泛的影响，深受人们欢迎，一时成为当代设计的代名词。

现代主义风格在形成过程中，善于突破传统，在整个设计过程中，它强调的是空间的组织是否合理，以及它的功能是否全面。在空间构造方面，它非常注意发挥结构本身的形式美，崇尚合理的构成工艺，因而对非传统的以功能布局为依据的不对称的构图手法进行了全面的发展。在装饰方面，它注重用材料本身的质地和色彩对室内空间进行设计，反对运用过多的额外装饰。对比传统的室内设计风格，现代主义风格造型简洁，主题新颖，迎合了当时人们对室内设计的要求，因此，现代风格也是一种时代风格的泛称。如图 1-2-7 展现的是一幅现代风格的室内设计图。

图 1-2-7　现代风格

6. 后现代风格

在 1950 年左右，随着美国“现代主义”文化的衰落，后现代主义逐步萌生并且迅速发展起来。与现代风格相比较，后现代风格打破了传统的思维模式，既关注建筑及室内设计的延续性，又倡导探索创新造型手法。

它具有强调室内的复杂性和矛盾性、反对简单化与模式化、提倡多元化和多样化，追求人情味等特性。如图 1-2-8 就是一幅后现代风格的室内设计图。

图 1-2-8　后现代风格

7. 装饰艺术风格

装饰艺术风格的起源可以追溯到 19 世纪末欧洲盛行一时的“新艺术运动”。与新艺术风格相比，它更是一种奢侈的风格。装饰艺术风格以其瑰丽和新奇的“现代感”而著称。它在室内装饰上的重点是强调各种新奇的材料，并极为讲究地运用这些材料。装饰艺术风格的设计特点是轮廓简单明朗，外表呈流线形或几何形；图案呈几何状或由具象形式演化而成；它趋于几何形，但又不强调对称，趋于直线又不囿于直线。如图 1-2-9 就是一幅装饰艺术的室内设计图。与新古典主义风格有类似之处的是，它们都具有规范性。它从各种源泉中广泛汲取灵感，包括新艺术风格中较严谨的方面、包豪斯风格等。

图 1-2-9　装饰艺术风格

图 1-2-10　新洛可可风格

8. 新洛可可风格

洛可可风格原为 18 世纪盛行于欧洲宫廷的一种建筑装饰风格，新洛可可风格是仰承洛可可风格所形成的一种新风格，它继承了传统洛可可风格精细轻巧、雕饰繁杂的特征，同时，新洛可可风格也有它自己独特的风格特点：在科技进步的时代，充分将新型装饰材料和工艺手段运用到室内设计中去，打造了其特有的华丽而浪漫的特色，为室内设计注入新鲜的时代元素，形成了一种传统中仍不失时代气息的装饰氛围。如图 1-2-10 所示就是一幅新洛可可风格的室内设计图。

（二）室内设计的流派

流派在这里是指室内设计的艺术派别。20 世纪以后，室内设计流派的数量日趋增长，这是设计师思想活跃的表现，也是室内设计发展进步并由动荡走向新阶段的必然过程。室内设计流派在很大程度上与建筑设计的流派相呼应，在思想脉络、表现形式和基本手法上有许多相似之处，但也有一些流派为室内设计所独有。介绍和研究设计流派的目的不是为了照搬照抄，而是要追寻产生这些流派的历史背景，分析各种流派的曲直，揭示各种流派的实质，从而取其精华、去其糟粕，从比较鉴别中探求正确的设计思想和创作原则。

从现代室内设计所表现的艺术特点来分析，室内设计的流派主要可以分为几个类别：风格派、白色派、高技派、光亮派、新洛可可派、解构主义派、装饰艺术派。下面我们就来探讨一下这几个派别各自的来源和特点。

1. 风格派

风格派是起源于20世纪20年代的荷兰的一个艺术流派，以画家蒙德里安、设计师兼理论家凡·杜斯堡和设计师格力特·里特维尔德等为代表。他们强调“纯造型的表现”，把生活环境抽象化。风格派的室内设计，在色彩和造型技术方面都具有极为鲜明的特征和个性。在造型方面，常采用简单的几何形体，对水平和垂直的强调以及室内外空间的相互穿插统一都给房屋内外带来视觉上的统一协调感；在颜色使用方面，最常用的颜色是红、黄、青三原色，间或以黑、白、灰等色彩相配置。

2. 高技派

高技派又称重技派，活跃于20世纪50年代末至70年代初，在许多国家具有相当的影响。同我们之前讲过的高技风格类似，空间设计中的高技派与建筑设计中的高技派也有着密切的联系。在设计过程中，这种风格的设计常采用高强钢、硬铝、塑料等新型轻质高强材料，提倡系统设计和参数设计，喜欢高效灵活、拆装方便的体系，与当代社会日益发展的工业技术和工业用品紧密结合，强调反映工业技术的成就，着力于表现所谓的“工业美”。

高技派作品中常应用暴露结构、设备和管道，颜色也偏向使用红、黄、蓝等彩度较高的颜色。高技派有两种不同的倾向，一是强调技术的精美，在设计时多用金属结构，在光亮坚硬的质感等方面寻求表现力；二是强调结构的厚重，多用混凝土结构，并着重表现其庞大的体量和粗糙的表面。因此，高技派也被人称为“粗野主义派”。

3. 白色派

白色派的风格是室内各界面以至家具等常以白色为基调，室内朴实无华，简洁明朗。一般来说，若只有白色，整个室内空间往往单调、乏味，缺少必要的活力，然而白色派在进行室内设计时，不仅强调室内设计的简洁，更加注重室内与室外环境的互相辉映。室外景物的变化与室内活动的人形成照应，打破了室内空间的平淡。就如中国传统园林建筑的设计中，通过“借景”使整个园林布局构造丰富充实，又富有层次感。因此，从某种意义上讲，室内环境只是活动场所的“背景”，在装饰造型和用色上不必作过多渲染。

4. 光亮派

光亮派也称银色派，盛行于20世纪六七十年代。其主要特点是注重空间和光线，室内空间宽敞、连贯，构件简洁，界面平整，往往在室内大量采用镜面及平曲面玻璃、不锈钢、磨光的花岗石和大理石等作为装饰面材，在室内设计中常以夸耀新型材料及达到现代加工工艺的精密细致及光亮效果。

5. 解构主义派

解构主义是20世纪60年代才开始出现的一种新思潮，以法国哲学家J·德里达为代表所提出的哲学观念。这种思想观念的特点是具有较强烈的开拓意识，表现了对结构主义和理论思想传统的质疑和批判，并以其激进甚至是破坏性的思想及理论，尝试从根本上动摇或推翻传统建筑文化体系。这种思潮由于太过激进，一时间难以被人们理解和接受，因此，人们仍对它持争议态度。

具体来说，解构主义是一种代表着反传统的激进思想。当这种思想反映到室内设计中时，带领着室内设计对传统古典、构图规律等采取否定态度，强调要突破传统封闭的设计思路，创建新的设计方法。

6. 装饰艺术派

装饰艺术派起源于20世纪20年代，具有系列特征：在色彩表达方面，形成独特的色彩系列，常用一些鲜艳的颜色，如鲜红、鲜蓝、橘红及金属色等、来自古典主义的灵感；在风格方面，光滑表面的立体物，热衷于使用异国情调的装饰风格、昂贵的材料及重复排列的几何纹样。

当前社会的发展使人们越来越不能满足于物质生活的富足，人们对精神生活的需求越来越旺盛。这种发展现状为室内设计带来了许多机遇。人们对室内环境的要求在室内设计风格日益丰富的条件下得到了回应。无论是延续传统文化还是发扬当今时代的特色，各种风格的形成无一不传承着各种文化的内涵，深受社会环境的影响，其间的精神文化因素使得室内设计内容越来越丰富。无论是室内空间的装饰、室内环境的氛围都能满足人们日益增长的各种需求。

7. 新洛可可派

新洛可可派又称“繁琐派”，这种风格诞生于18世纪，当时贵族生活日益腐化堕落、专制制度已经走上末路。原本是盛行于欧洲宫廷的一种建筑装饰风格，顺应时代的变幻，渐渐演变为室内设计的一种风格。但是它身上还是有这种装饰风格的影子，在设计时以精细轻巧和繁琐的雕饰为特征，极尽装饰之能事。在装饰风格上，新洛可可又仰承了洛可可繁琐的装饰特点，但是在现如今这个工业发达的社会，新洛可可派在设计中也结合了时代的产物，以现代新型装饰材料为装饰载体，同时运用现代工艺手段，从而具有华丽而略显浪漫、传统中仍不失有时代气息的装饰氛围。

新洛可可派在追求装饰效果方面与洛可可派是一样的。在洛可可派的基础上有所改变的是它不强调附加东西，而是用新的手段去达到“洛可可派”想要达到的目的。所谓的新的手段，指的就是以下这两个方面。

（1）他们大量使用表面光滑和反光性极强的材料，如不锈钢、铝合金、镜面玻璃、磨光的花岗岩和大理石等。

（2）他们十分重视灯光的效果，特别喜欢采用灯槽和反射板。为了极尽豪华绚丽的感觉，还经常选用色彩鲜艳的地毯和款式新颖的家具，以制造光彩夺目、人动影移、交相辉映的气氛。

当然，室内设计的流派远不止上述提到的这几种，还有超现实派等，限于本书篇幅，这里不再详细论述，有兴趣的读者可以查阅相关学术文献。

四、不同部分室内设计的原理

（一）人居环境室内设计原理

人居环境室内设计主要指住宅、各式公寓以及集体宿舍等居住环境的设计，设计突出“以人为本”的设计思想，按照人体生理和心理合理设计来安排空间。人居环境室内设计比较注重个人意识的体现，设计风格随着居住者的需求进行选择。人居环境室内设计按照使用功能的不同一般分为：卧室、起居室、餐厅、厨房、卫生间、玄关和储藏室等空间。

1. 卧室

卧室专指进行睡眠的地方，从使用的对象上，一般分为主卧室和次卧室。卧室的基本家具是床。为了创造舒适的睡眠环境，卧室的灯光布置相对较暗，私密性要求较强。在主卧室的设计中，可设置独立的卫生间、衣帽间和书房，次卧室相对简单，供睡眠使用的家具和衣柜成为卧室布置中的主要组成部分。如图 1–2–11 所示，就是比较常见的卧室的摆放形式。

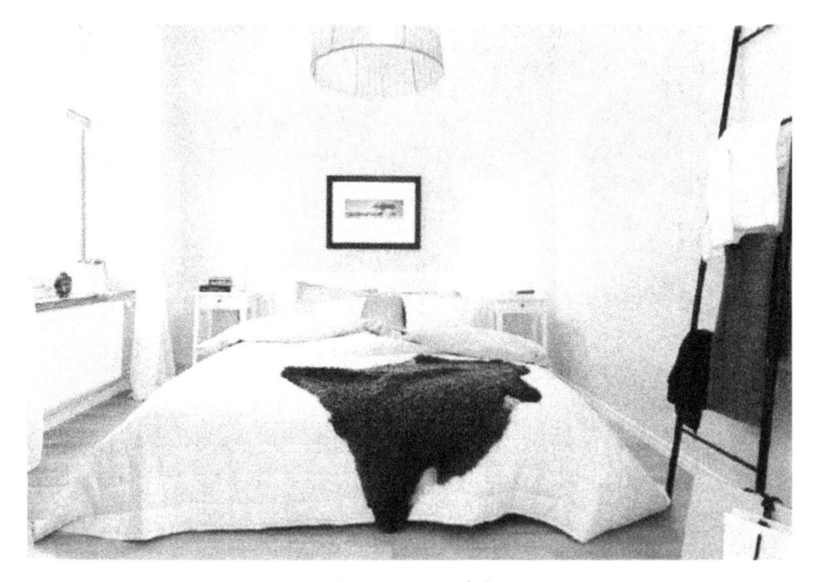

图 1–2–11 卧室

2. 起居室

起居室和客厅两种概念经常被混用，有人认为起居室一般是家人的私密空间，客厅是接待客人的公共空间。普通住宅一般没有起居室的概念，只会设置客厅。大户型或者别墅排屋会注重起居室的功能。从起居的角度来理解，起居室就是为使用者提供居住和活动需求的空间，在人居环境的室内设计中相对于卧室，是属于相对动态行为较多的空间，在设计中，应注重会客和起居的作用。起居空间主要由电视背景墙和沙发背景墙组成，内部的家具根据空间整体风格进行设定。如图 1–2–12 所示，就是起居室的一种。

图 1–2–12 起居室

3. 餐厅和厨房

餐厅和厨房由于功能上的要求，需要进行就近布置。在厨房的设计中，有中式厨房和西式厨房之分。中式厨房由于烹饪方式以炒、炸为主，油烟相对较多，在中式厨房的设计中要求厨房能够进行封闭，厨房有直接通风的装置，不能直接通风的厨房不允许设置煤气供应设施。厨房的操作面应便于清洗，以瓷砖铺贴为主。与中式厨房不同，西式厨房油烟相对较少，经常使用冷餐，但操作台面要求较大，可结合厨房布置岛式餐台，也可结合橱柜设置酒吧台等空间，厨房可以设计成开敞形式，橱柜分隔要求较细致。如图 1–2–13 所示，就是一种常见的西式厨房的样式。

图 1-2-13　厨房

4. 卫生间

卫生间是人居环境中最能够体现生活环境质量的区域，比较合理的卫生间设计是将坐便区域和盥洗区域进行分开，空间比较理想的区域，可以设置盆浴和淋浴两种沐浴形式。将洗衣机与卫浴空间进行分开设置，实现干湿分离。对于空间相对较小的区域，需要考虑将卫浴功能进行整合，在空间中得到最合理的安置。如图 1-2-14 所示，就是这样的一种卫生间布局形式。

图 1-2-14　卫生间

5. 玄关

玄关原意是指佛教的入道之门，演变到后来，泛指厅堂的外门。玄关是室内和室外的交界处，中国传统民宅建筑中，对应大门的位置设置影壁，目的是防止外界直接窥视宅内空间，起到一种“藏”的作用。这种作用体现在室内就成为玄关，不但使外人不能直接看到室内人的活动，而且通过在门前形成了一个过渡性的空间，形成一种领域感。

根据现代生活的需要，玄关处经常设置鞋柜、隐藏式衣柜等功能性家具，在中国南方经常在玄关处设置佛堂，形成相对独立的缓冲区域。如果室内空间较小，也有将玄关空间进行压缩，与主体厅堂形成整体性布置。如图 1-2-15 所示，就是一种常见的玄关柜。

图 1-2-15　玄关

6. 储藏室

储藏空间在人居环境空间中最容易被忽视，却是最关系到生活实用性的空间。在人居空间环境中，适当增加储藏空间，并将储藏空间进行隐藏和美化，是人居环境设计中重要的课题。如图 1-2-16 所示，就是现代生活中常见的一种储藏室的形式。

图 1-2-16　储藏室

（二）公共空间室内设计原理

公共空间室内设计可以从以下两方面来论述。

1. 限定性公共空间室内设计

在设计中，常常将未进行限定的空间称为原空间，把用于限定空间的构件等物质手段称为限定元素。这些限定元素有些是根据需要和相应标准必须进行设置和设定的，有些是可以进行灵活设置和应用的。将公共空间中需要进行限定的空间单独划分为一类，即所谓的限定性公共空间的室内设计。

限定性公共空间室内设计主要指学校、幼儿园、办公楼以及教室等建筑的内部空间，这些空间中对天花、墙壁以及地面有比较具体的限定性因素。限定程度的强弱与空间的性质和功能有直接的关系。限定性主要体现在材料、规格、功能等方面，根据不同的性质，进行不同程度的限定性公共空间的制约。

2. 非限定性公共空间室内设计

非限定性公共空间室内设计主要指的是可以公共使用的空间，如旅馆饭店、影视院、娱乐空间、展览空间、图书馆、体育馆、火车站、航站楼、商店以及综合商业设施等。非限定性不是说没有限定性，而是限定性因素在进行建筑及消防设计时已经进行过综合性的考虑和设计，在进行室内设计时需要保留这些已经成为系统的公共安全性设计。在安全性设计的基础之上，进行一定程度范围内的非限定性的公共空间设计。

（三）工业建筑室内设计原理

工业建筑室内设计，主要包括各类厂房，如图 1–2–17 所示，展示的就是一幅工业建筑的室内设计场景。

图 1–2–17　工业建筑内景

（四）农业建筑室内设计原理

农业建筑室内设计，主要包括各类农业生产房。如图 1–2–18 所示，展示的就是一幅农业建筑的室内设计场景。

图 1–2–18　农业建筑内景

上面我们通过文字简述了室内设计的分类，下面我们用一张图来总结一下，见图 1–2–19。

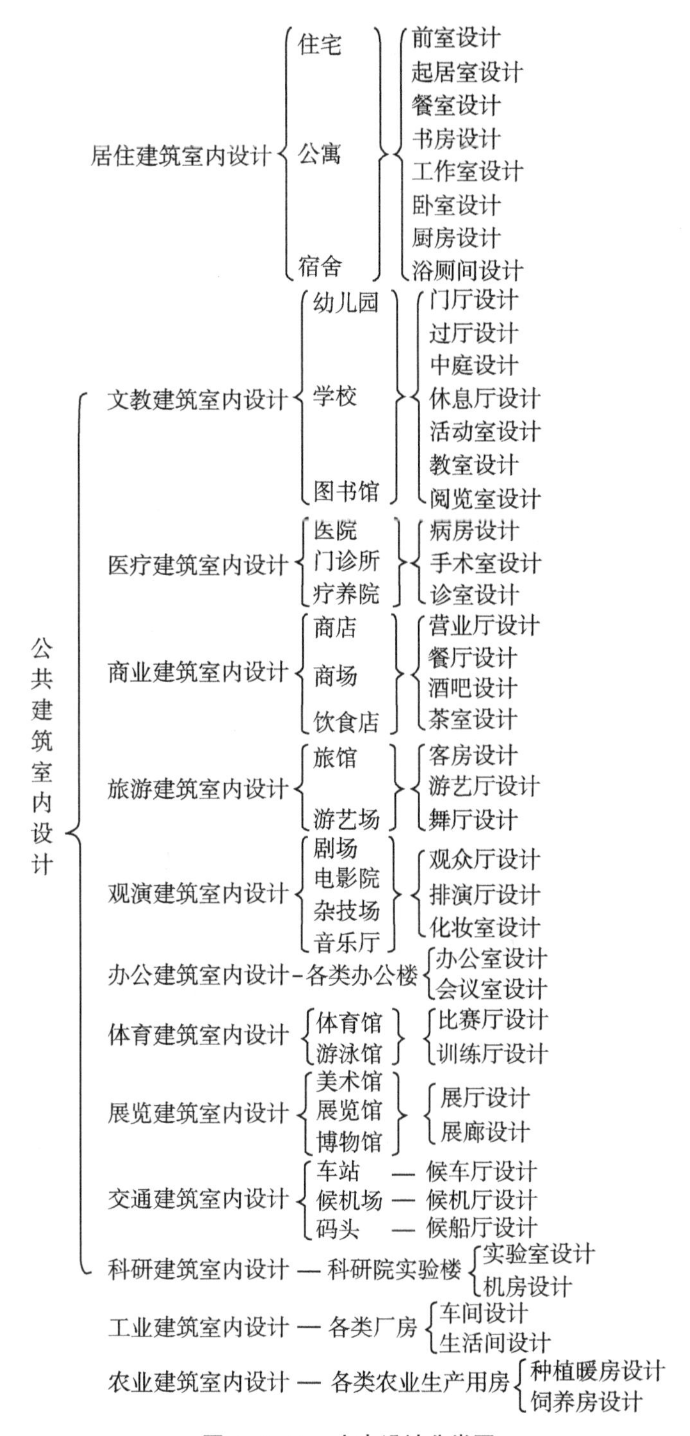

图 1-2-19 室内设计分类图

五、当代室内设计的空间原理

（一）室内空间的组成

空间是室内设计的主角，是实体与实体之间相互联系产生的一种环境。下面我们一起来看看空间是由哪些部分构成的，它又可以分为哪些类型呢？

1. 室内空间的构成

室内空间的构成可以说成是分解与再合成的一个过程。所谓的分解就是将原本室内空间的物质分解为几个基本的视觉感受系统，将分解后的要素进行重新组合，对其内容以及造型要素进行繁简协调，这样就可以合成新的视觉感受系统，向更加完善、良好的视觉形象方向发展。

（1）一次空间限定

一次空间限定所独立出来的空间又称为“母空间”，是在广义环境下建立的空间，由地面、棚顶和墙面直接围成。

（2）二次空间限定

二次空间的限定是在一次空间的基础上，虚拟出一个小活动空间，形成“小环境”。在实现手段上，与一次限定空间的不同之处在于它可采用装修、陈设、绿化等介质来进行“小空间”的限定，从明暗、形体、色彩三者关系加以表现。从作用来看，它不仅丰富了空间的层次，充实了内涵；应用的介质还充分地满足了居住者的物质与精神要求。

2. 室内空间的类型

（1）灰空间

灰空间又称为模糊空间，之所以有这样的定义是因为它的界面显示往往是不清晰的，常常会出现在如室内、室外的交界处，开敞空间、封闭空间的交界处等，具有不确定性。如图 1-2-20 所示，就是表现的室内和室外交界处的一个灰空间。灰空间具有多种功能的含义，空间充满着矛盾性和复杂性。因此，在使用灰空间时应慎重，仔细考虑使用者的心理感受，毕竟一切设计应该以人的意志和感受为目标。

图 1-2-20　灰空间

（2）悬浮空间

悬浮空间指的是在原来空间的基础上，利用一定的介质形成一个悬浮的空间，凌驾于大空间的半空之中，常出现在空间垂直面上，表现为悬吊或悬挑出的小空间。这种空间的设置虽然属于小范围的空间设计手法，却是可以令空间更为灵动、别致、与众不同的高招，颇具独立性和趣味性。如图 1-2-21 所示，为悬浮空间。

图 1-2-21　悬浮空间

（3）不定空间

不定空间与固定空间是两个相反的空间模式，从它的名字上我们就可以看出它的特点就是模棱两可、不固定，是矛盾双方的相互交叠、渗透和相互增减的设计。虽然这种空间表现模糊，但是恰到好处，因而这种空间的存在有其合理性。

（4）母子空间

通过名字我们就可以看出，母子空间指的是对空间的二次限定，将原有的大空间分隔成几个小空间，采用的是分隔与开敞相结合的方式，常见于许多空间的组织与安排，如图 1-2-22 所示就是这种情形。人们在一个大的空间一起工作、交流的时候，往往会相互影响打扰，使工作缺乏效率，同时也缺乏一定的私密性，所以在空间的处理上选择母子空间是为了避免上述缺点。

母子空间必然有一个空间为母空间，一个或者多个空间为子空间。母空间在空间体量以及功能上均占主导位置，子空间相对于母空间有所差别。

在处理方式上和形式特点上，通过将母空间分为多个子空间，不仅免去不同人群的交流被互相打扰的烦恼，更是保证了人们的私密感，从而使人们心理上对安全感的需要得到满足。相对于母空间，多个子空间可以彼此独立也可以相互联通，满足不同需求的群体或个体的使用要求和心理需要。

图 1-2-22　母子空间

（5）交错空间

交错空间指的是比我们通常所见的空间更加复杂有趣的空间。与平常的空间相比，它运用了更多的构造手法，使平行圈合面的空间相互交错、穿插和错位，从而形成类似城市中立交桥一样的主体交通空间。这种空间在形式上，变幻更加丰富多彩，形状构造也比较新颖，夺人眼球，更富意趣；在作用上，更方便人流的疏散组织。如图 1-2-23 所示，就是一幅表现空间交错的图片，使空间更富情趣。

图 1-2-23　交错空间

（6）私密与共享空间

私密空间的设立一般是为了保证空间使用上的相对独立性、安全性和保密性，因此，它们具有很隐秘的特点，与其他空间在视觉上、空间上都没有或只有很小的连续性，一般在空间上不易发现它们的存在。如住宅中的空间安排、酒店中的单间雅座等都是为了增强相对的独立性和私密感。如图 1-2-24（1）所示，展示的就是一幅私密空间的设计图，图中隐秘门的设计提升了室内空间的私密性。

共享空间是由波特曼首创，并被广泛认可的空间形式。共享空间是紧随时代的发展变化产生的，适应人们各种频繁、开放的公共社交活动和丰富多样的旅游生活的需要。共享空间是建筑空间里最有活力的部分，共享空间中的共享指的是空间与空间的共享，是一种空间上的整合。正因为有共享空间的存在，内部的空间也不再相互孤立，通过共享空间将彼此分散的空间整合起来，达到空间整体性的统一。从空间处理上，共享空间是一个具有运用多种空间处理手法的综合体系，大小结合，内外结合，相互穿插，融合各种空间形态。如图 1-2-24（2）所示，就是一幅表示共享空间的室内空间设计图。

（1）

（2）

图 1-2-24　私密空间与共享空间

（7）开敞与封闭空间

开敞空间具有一定的外向型特征，空间强调多个空间的联通和穿插，强调空间与环境的流通和渗透。开敞空间的做法与古典园林异曲同工，讲究对景、借景、漏景等元素，注意与大自然或周围空间的交流融合。开敞空间能够提供更多维的室内空间感受，扩大固定空间的视野范围。在使用时开敞空间有较大的灵活性，能够便于随时改变室内的布置与陈设。开敞空间能够给人以开阔、流畅的心理效果。在视觉效果和空间性格方面，开敞空间能够显示出一定的收纳性和开放性，如商场的公共广场、车站的售票大厅等。如图 1-2-25（1）所示，就是一幅表示开敞空间的室内设计图，这种空间使房间看起来更宽敞透亮。

封闭空间相对于开敞空间来说，有四周侧界面的围合，有限定性较高的围护实体包围，能够发挥特定空间的使用和利用，往往是一个单独、闭合的空间。对于空间与空间、空间与大自然之间的交流沟通有一定的影响，具有一定的私密性和限定性，在视觉、听觉等方面具有很强的隔离作用。能够满足使用人群对领域感、安全感、私密性的心理需求。在卫生间、卧室、重要办公区域等空间的室内设计中，封闭空间的使用比较广泛。如图 1–2–25（2）所示，就是表现封闭空间的一幅室内设计图，这种空间布局看起来让人心里更具安全感。

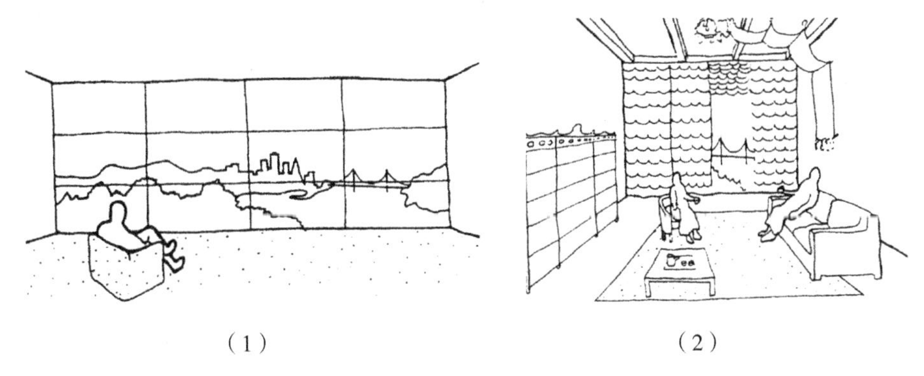

（1）　　　　　　　　　　　　　（2）

图 1–2–25　开敞空间与封闭空间

（8）虚拟与虚幻空间

虚拟空间是指在界定的空间内，通过界面的局部变化而再次限定的空间，如局部升高或降低的地坪或天棚，或以不同材质、色彩的平面变化来限定空间等。如图 1–2–26（1）所示，就是一幅表示虚拟空间的室内空间设计平面布局图，从图中我们可以看出，室内布局中存在降低地坪的设置，这就对室内空间起到一个再次限定的作用。

虚幻空间指的是原本不存在的空间，因为一些介质产生虚像。应用到室内设计中，一般是指室内镜面反映的虚像。因为镜面可以“复制”景象，当它把人的视线带到镜面背后的虚幻空间时，就会产生空间扩大的视觉效果，这就是通常情况下人们为了使空间看起来比较大常会在室内放置一块大镜子的原因。除镜面外，有时室内还利用有一定景深的大幅画面，把人们的视线引向远方，造成空间深远的意向。如图 1–2–26（2）所示的情形，挂在墙上的山水画将人们的视线吸引到画里，使整个室内空间看起来放大了很多。

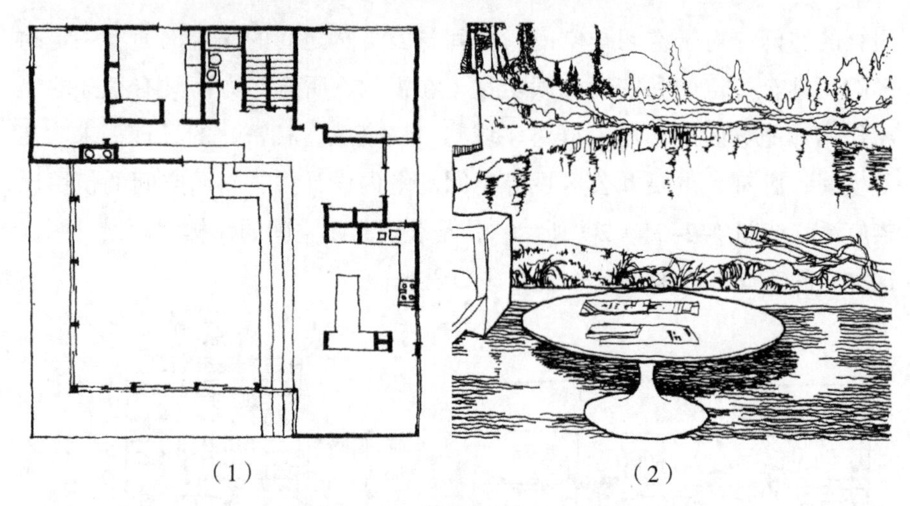

（1）　　　　（2）

图 1-2-26　虚拟空间与虚幻空间

（9）固定与可变空间

固定空间，就是一种确定后就不可更改的空间布局，常是经过一番深思熟虑才决定的、使用不变、功能明确、位置固定的空间，一般用固定不变的界面围隔而成。其实这种空间我们在日常的建筑中随处可见，如厨房、卫生间等在画设计图时就已经事先确定其位置，一旦建造出来，就不可更改，而其余空间可以按用户需要自由分隔。

可变空间则与此相反，由于不同情况下需要的空间功能不同，将同一种空间建造成多种功能形态必然是一种资源的浪费。所以为了迎合不同使用功能的需要，一些空间就需要随时变化其形态，如常见的折叠门、可开可闭的隔断，以及影剧院中的升降舞台、活动墙面、天棚等，它们的使用都可以改变空间形态，使其成为可变空间。

（10）动态与静态空间

动态与静态空间也是当代室内空间的主要类型，其中动态空间不仅具有界面组织连续而且有节奏性、空间构成形式多种多样而且有变化性等特点，同时可以使得空间更具开敞性、视觉更具导向性，常使视线从这一点转向那一点；静态空间则形式比较稳定，空间比较封闭，构成比较单一，空间常表现得非常清晰明确，常采用对称式和垂直水平界面处理。如图 1-2-27 所示，展现了静态和动态空间之间的区别。

（1）　　　　　　　　　　　　　　（2）

图 1-2-27　静态空间与动态空间的区别

（11）下沉与地台空间

下沉空间又称为地坑，是将室内地面局部下沉，在这个低于室内地面的区域进行布局，在统一的室内空间产生出一个界限明确、富于变化的具有一定功能的独立空间。因为下沉地面尺寸标高比周围的水平界面要低，处于这个下沉空间在心理上给人一种隐蔽感和宁静感，能够形成具有一定私密性的小空间。同时纵观整个布局，由于视线也跟着被拉低，给人在空间整体上有扩大的感觉，同时也会对室内的布局与组织产生一定的影响和变化。下沉空间能够适用于多种性质的空间，比如在餐饮空间、居住空间、娱乐空间都有比较广泛的使用。

地台空间是与下沉空间相反的一种布局方式，它是相对其他水平界面对局部界面进行的一个抬高设计。由于地面升高而形成一个台面，在和周围的空间相比时显得十分醒目突出，吸引人的注意力，因此地台空间一般在整体布局中处于中心地位。在当代室内设计中，卧室自然是处于中心地位，因此有很多的卧室或起居室也利用地面局部升高的地台布置床位，产生简洁而富有变化的室内空间形态，更好地符合人的各种审美情趣及心理愉悦。如榻榻米的布置就很好地利用了这种空间形态布局。在设计过程中相对于台上空间还可利用台下的空间用于储存等功能，改善及充实室内的居住环境。

如图 1-2-28 所示，分别展示了下沉空间和地台空间的两种状态。

图 1-2-28　下沉空间与地台空间

（12）凹入与外凸空间

凹入空间与下沉空间既有异曲同工之妙，又有差异性的设计方式。通俗来讲，凹入空间针对的是墙面，而下沉空间针对的是地面。但是它们的共同之处就是它们的设计都是只有一面开敞，其他反向皆是与实体地面或墙面相连接，在心理上可以给人一种温暖、安全、隐秘的感觉。因为这种设计易于营造一种安静、私密的气氛，根据其凹入的程度不同可以安排多种用途，经常运用于床的安置、酒店的雅座的设置等。如图 1-2-29（1）所示，就是洗手间常用的一种简单的凹入设计，其实我们的生活中类似的设计无处不在，需要我们用善于发现的眼睛去探索。

凹凸是一个相对的概念，因为建筑作为一个独立的个体，它作用于内外两个空间形态，对内部空间而言是凹入空间，对外部空间而言是外凸空间。大部分建筑的外凸空间的设立都是为了使建筑更好地伸向自然。例如，挑阳台和阳光室等的应用就为人们走出室外，迎接自然提供了便利：外凸部分三面环顾，能够让风光尽收眼底，使室内外空间和谐地融为一体。如图 1-2-29（2）所示，展示的就是外凸空间形态的应用，从该图中我们可以看出凸出于室外的这部分空间为人们更好地融入自然、欣赏美景提供了便利条件。

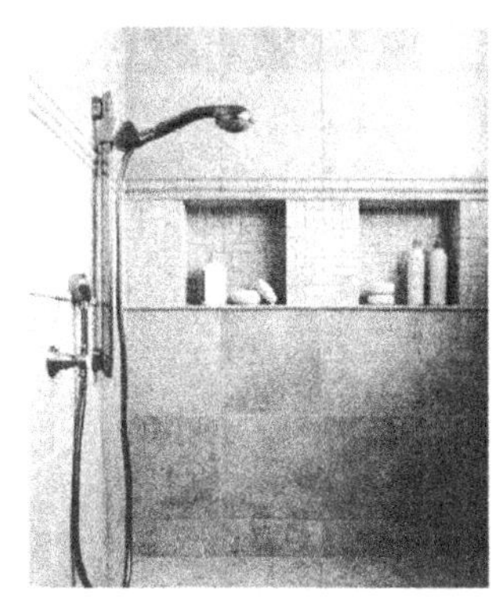

图 1-2-29　凹入空间与外凸空间

（二）室内空间的设计

1. 空间形象与室内装修设计

（1）空间形象设计

空间形象设计是对建筑所提供的室内空间进行设计和处理，具有较强的视觉冲击力，特别是在一些彰显个性的展示空间、商业空间中，空间形象设计成为室内设计中的重要内容。

在进行室内设计之前设计师需要充分了解该室内的空间组织，对其整体的空间布局、功能、人流移动规律等进行一个详细的分析和了解，从而抓住原设计师的设计意图，结合使用者的使用目的进行再设计。在设计过程中，涉及的内容有很多，无论是界面设计还是格局布置等，都需要根据建筑功能的发展或变幻进行相应的调整，通过墙体和室内空间格局的变动，实现空间尺度的重新划定。在不违反室内设计基本原则和人体工程学的前提下，重新阐释尺度和比例关系，改造空间的衔接问题，实现各个空间之间的统一、对比和线面体结合的问题，给空间一个全新概念性的形象设计。

下面我们总结了几类目前市场上比较常见的空间形象设计。

①自然化。现代设计中，绿色和生态的观念已经深入人心，特别是随着城市污染的严重，自然环境的恶化，人们对绿色、生态、低碳等内容的认识直接影响到与人生活息息相关的室内设计。在室内设计中大量植物、净化设施的出现和使用，使自然化成为室内空间形象设计发展的重要趋势。

在自然化的空间形象设计中，除了绿色植物的选用，水景环境、空气净化系统都已经成为自然化设计中的重要内容。

②个性化。个性化的提法比较宽泛，室内空间形象设计本身就需要具有一定的个性特征，通过个性化的空间形象与普通的空间形象进行区别。由于现代空间形象风格各异，个性化元素较多，在自然化、艺术化、现代化和民族化这些比较常见的空间形象处理之外的，均可以归结为个性化的空间形象设计。个性化标榜与众不同的设计风格，又区别于历史上出现的历史风格，混搭、拼接等形式皆拿来使用，形成富于特色性的室内空间形象。

③民族化。民族化具有鲜明的特色和个性，特别是明艳的色彩和民族特色浓郁的装饰及生活用品，都成为空间形象展示中的重要组成部分。现代文明与传统的民族文化在室内设计中进行文化上的碰撞，原汁原味的民族化空间形象设计以独特的姿态受到关注和重视。民族化的室内空间形象塑造，经常使用在具有一定象征意义的空间中，其独特的民族风韵便于展现独特的民俗及气质。由于民族化适应范围具有一定的局限性，不便于普及和推广，在空间形象的设计中具有特定的地位。

④现代化。随着时代的进步，高科技产品逐步走进人们的日常生活，智能遥感技术和数字化信息的融合已经使现代人的生活发生了翻天覆地的变化。在室内空间形象的设计中，将先进的现代技术进行展示和应用，使人们通过现代化空间形象设计的展示，对新兴技术和产品产生兴趣，刺激购买和消费，达到推广的目的。在现代公共空间中，智能监控、智能温湿度调节以及智能红外线识别、数码技术都已经得到了广泛的应用，在室内空间的形象设计中凸显出重要的作用。在未来的室内设计中，现代化的空间形象设计将成为室内设计的重要组成部分。

⑤艺术化。空间形象设计往往高于普通百姓的审美层次，需要一定的艺术氛围和视觉效果。这种艺术化的空间形象能够具有一定的引导性作用，既能高于大众审美层次，又能够被大众所认同和接受。艺术化的空间形象经常是借用绘画、雕塑、陈设品进行装饰，除此之外，大量富有质感的材质的选用也能使得室内空间的形象充满艺术气息。

（2）室内装修设计

室内装修设计主要是指对室内界面的处理。室内界面包括地面、墙面、隔断、平顶等，室内界面处理，主要是对界面的形状、图形线脚和肌理构成等进行设计。这个设计过程需要设计师提前了解各个界面的特点和功能，以及每个界面会与哪些构件或设施相连接、配合等，这些内容都将涉及室内装修的设计。在接下来的内容中，我们会具体讨论室内装修设计的方法和内容。

在进行室内装修设计时，我们通常会对界面进行“加法”处理，其实室内界面的处理不是只有这一种方法。从建筑物的使用性质、功能特点方面考虑，一些特别的建筑物的结构构件往往不需要进行任何装饰，如网架屋盖、混凝土柱身、清水砖墙等，其原本单纯的色彩和独特的材质特性都体现了室内设计在设计思路上的不同之处。

室内装修设计的内容可以概括为以下三个方面。

①天花设计。天花设计根据空间的造型呈现不同的形式，最常见的有金属天花、石膏板天花、软膜天花等多种形式。采用什么样的天花造型主要由室内空间环境对声、光的要求以及室内整体风格来决定。现代设计中，裸露的天花也成为天花造型中比较常见的一种形式，特别是在大型的超市、商场等公共空间，这种天花能够带给人们一种粗犷的视觉张力。

②墙面设计。在室内装修设计中，墙面经常被人接触和使用，墙面的保护和装饰就成为室内装修设计中的重要内容。公共空间中使用频率较高的场所，墙面常选用耐磨性较强的瓷砖或者大理石，而在卧室等空间中，壁纸或者木制墙面也是墙面设计的常用手法。很多现代设计中，经常采用乳胶漆墙面，用滚刷滚涂成纹理或者在乳胶漆墙面上手绘图案来装饰墙面都是现代墙面设计中经常使用的装饰方法。

③地面设计。地面除了耐磨的性质外，还需要具有防滑的特性。对于一些具有特殊要求的地方，地面的装饰装修设计需要有具体的安排，如幼儿园及养老院的地面，需要采用比较软的地板及地胶进行装修，便于清洁和使用。公共空间为了美观和坚固，经常采用大理石和瓷砖进行贴面，地毯等织物铺贴的地面经常使用在档次较高，舒适度较强的场所。

此外，环氧树脂地面、地坪漆地面也是地面设计中经常使用到的地面装饰材料。

上面我们主要讲述了对天花、墙面、地面的处理，但是室内装修设计并不仅仅局限于这三方面，由分隔界面所形成的虚幻空间和流动空间也是不可忽视的一部分。特别是在一些空间有限的环境中，用镜面和反光面较强的金属表面所形成的折射面，能够比较好地起到扩大空间的作用，给人一种比较强烈的视觉感官效果。室内空间环境中的各个界面以及由分隔界面所形成的虚幻空间和流动空间均包含在装修范畴之内。

室内空间组织和界面处理，是以室内环境基本形体和线形的设计内容为依据，考虑相关的客观环境因素和主观的身心感受。

2. 室内色彩与光照设计

色彩的作用在室内设计中是非常重要的，不同的色彩营造的氛围不同，带给人的心理感觉也是有很大差异的。例如，红色常给人一种热情奔放的感觉，蓝色常代表着安静忧郁。在室内设计中红色一般不用于卧室的主色调，因为其强烈的视觉色彩会影响人的休息，而相对的，蓝色就能给人舒适安静的感觉，有利于人们得到高质量的睡眠。因此，色彩在室内设计中的应用是一门大学问。既然色彩的地位这么重要，下面我们就来探讨一下色彩的具体分类和配置原理。

（1）室内的色彩设计

①色彩的概念。室内的色彩现象不是一个抽象的概念，物体的色彩也不全是由自身固有的颜色决定的，可以影响室内色彩现象的因素还有很多，如物体的材料、质地，照明的条件、时间的长短等都可能使其产生很大的变化。一方面，室内物体的固有色和采光照明的方式决定了室内色彩的大趋向，室内的色彩环境因光色的不同而产生不同的结果；另一方面，色彩随着时间的不同也会发生变化。

②色彩的属性。色彩具有三种属性，也称色彩的三要素，即色相、明度和彩度。这三者在任何一个物体上都是同时显示出来的，不可分离。

A. 色相。色彩表现出来、被人眼看到的相貌就是它的色相，也就是我们用以标明不同颜色的名称。

B. 明度。表明色彩的明暗程度。明度有高低之分，接近白色的明度高，接近黑色的明度低。决定明度高低的因素是光波波幅的大小，波幅越大，明度越大，波幅越小，则明度也越小。

C. 彩度。彩度指的是色彩的强弱程度，也可称为色彩的纯度或饱和度。每个颜色的彩度不同，呈现出来的颜色就有很大的不同。

③色彩的分类。通常色彩可以分为两种类型，即有彩色系和无彩色系。其中，有彩色系中的色彩可以根据其色相、彩度和明度来加以区别。无彩色系是指由黑白灰三色组成的色彩系列，无彩色系中颜色的区别仅在于明度上的不同，越接近于白色，其明度越高，反之则低。

④色彩的配置。

A. 基本要求。室内色彩配置的基本要求实际上就是明确设计对象，再根据不同的设计对象有针对性地进行色彩配置。在设计过程中，应首先明确以下问题。

a. 空间的使用目的。不同的空间使用目的自然有所区别，在色彩的要求上更是截然不同的。

b. 空间的大小、朝向和设计形式。不同的色彩对室内空间环境的影响有很大的差异，不同色调也会影响人的视觉感受，因此，设计师可以通过调整色调来改变空间环境在人的视觉中的表现。例如，朝北的房间室内常年照不到太阳，显得比较阴暗，选用暖色调的色彩进行烘托就可以调整空间的环境氛围，使其在视觉上变得温暖起来。

c. 室内空间的主要使用者。如老人、小孩、男人、女人，不同的性别、不同的年龄层次受环境影响不一样，拿色彩设计来说，老年人就相对比较喜欢安静、沉稳一些的色彩，鲜艳花哨的色彩就会使他们产生不舒服的感觉。因此，在进行室内色彩设计时应充分考虑到居住者的爱好和欣赏习惯，采用符合他们要求的色彩设计。

B. 基本原则。配色指的就是对色彩的属性进行重新组织的过程。对室内色彩进行配置时需要遵循一定的秩序和原则。

a. 同一性原则。这一原则要求组成色调的各种颜色或具有相同的色相、纯度或明度。

b. 连续性原则。色彩根据它们不同的属性在光谱上按一定的顺序排列，这种排列方式会使各种色彩形成一个连续的变化关系，在室内设计的配色中需要按照这种变化关系进行选配，这种方法叫作连续的配色方法。

c. 对比原则。在室内色彩设计中经常会用到色彩对比的手法，这种手法的运用可以起到两个方面的作用：首先，突出的对比色会打破沉闷的气氛；其次，局部运用色彩对比可以调整空间的格局甚至视觉上的大小。

C. 配色设计。

a. 图形与背景。在图形与背景的配色设计中要注意两点：首先，图形的颜色与背景的颜色要形成鲜明的对比，而且图形的颜色要比背景的颜色更加明亮；其次，鲜艳的颜色在面积上要有所控制，不能太大。

b. 整体色调。确定主体色调是配色设计首先应该完成的任务。

c. 配色平衡。颜色在感觉上有强弱和轻重之分，因此，为了使色彩给人的感觉更加舒适柔和，应该做到平衡配色。

（2）室内的采光照明

著名画家达·芬奇曾说，“正是由于有了光，才使人眼能够分清不同的建筑形体和细部。”由此，我们可以看出，光照是人们对外界视觉感受的前提。这里我们探讨的是室内的采光照明设计，首先，我们知道室内的采光来源主要包括两部分，即自然光源和人工照明，那么我们就一起来看看它们各有什么特点。

①室内天然采光。

A. 自然光源。对大多数的室内空间来说，阳光是自然光源最主要的来源。对人类来说，阳光意味着温暖和活力，同时也是人类健康不可或缺的条件。从节约能源和身体健康的角度考虑，人们开始注重对于室内设计中自然光源的利用。

对于住宅设计来说，采光的优劣是权衡房屋质量的一个决定性因素。这在设计中体现为以大面积的玻璃窗或玻璃幕墙来获得更多的太阳能、光线或者更加宽广的视野。然而，如果没有合适的位置或来自其他方向的光线提供平衡的话，不仅会影响人体的健康，过分强烈、单一光源的光线也会破坏室内物体的形象，从而影响到室内空间的设计效果。对建筑设计来说，房屋开窗的大小、方向、形态和位置，将直接影响到室内空间的采光质量。

B. 自然光的调节。

在许多情况下，室内设计师的任务不是取得自然光线的最大成果，而是利用各种手段对其进行调节、修正或控制。他们会运用各种手法来调节自然光的角度、强度和照射方式等，从而达到使自然光与室内空间效果相吻合的采光效果。

这种对自然光线的调节通常会采用两种方式，其一是利用窗帘、采光格栅或开启天窗等方法对直射的光线进行调节，以获得合适、稳定的采光；第二种是结合人工照明的设置，采用自然光与人工照明相结合的方式，来弥补、改善自然光线强度变化不定及色温单一的特点。

②人工照明。

A. 照度与视度。

照度，是光照强度的简称，指的是单位面积上所接受可见光的光通量。照度的作用就是保持室内环境具有足够的亮度水平，使人的眼睛能够舒适清晰地看见室内的东西。因此，室内空间一般情况下必须保证有足够的照度水平。在物理学中，室内某一点上的照度取决于所用灯具的光功率和灯具与物体间的相对位置，用公式表示为：

$$E = I\frac{\cos\alpha}{r^2}$$

在这个公式中，E 为照度；I 为光度；α 为光线与法线的夹角，r 为光源到该面积的距离。

B. 眩光的程度。

视野中的物体亮度过高，或者与背景之间的亮度对比很大，会使人产生刺目的感觉，这种情形称为眩光，控制物体的表面亮度是消除眩光的根本途径。

C. 物体及环境的亮度。

在同一位置上，白色物体比黑色物体要亮得多，这说明发光能力或反光能力较强的物体有较大的亮度。因此，为了保证室内环境的舒适程度，在选择室内用品时要考虑其亮度的呈现。

D. 环境亮度的均匀程度。

选择灯具时，应该将灯具的功率与灯具的位置结合起来考虑，力求使室内空间的照明水平均匀而稳定。

E. 物体与背景间的亮度对比。

任何物体都依赖于其背景之间的亮度对比。物体与背景间的亮度对比越大，人眼的这种分辨能力也越强。

③避免照明光学缺陷。

A. 消除眩光。消除眩光可以利用灯罩来遮挡易导致眩光的光线或者采用间接的照明方式。

B. 光源表面过亮。为降低光源的表面亮度，可以改善光源与背景间的亮度比，通过增加环境的照度水平来达到。但最经济的办法还是降低光源的表面亮度。

C. 灯具安装位置。灯具安装的位置不佳也会导致眩光。这时可以考虑改变灯具的位置，使灯处于人的视野之外。

六、当代室内设计的程序

室内设计根据其专业特点，有着一套既严谨又复杂的工作流程。完整的设计程序是设计质量的前提和保证。一套完整的设计流程具体包括以下几个方面。

（一）前期准备阶段

1. 意向调查阶段

室内设计的意向调查，是指在设计之前对业主的设计要求进行翔实、确切的了解，进行细致、深入的分析，明确设计的目的和任务。其主要内容有室内项圈的级别、使用对象、建设投资、建造规模、建造环境、近远期设想、室内设计风格的要求、设计周期、防火等级要求和其他特殊要求等等。在调查过程要做详细的笔录，逐条地记录下来，以便通讯联系、商讨方案和讨论设计时查找。调查的方式可以多种多样，可以采取与甲方共同召开联席会的形式，把对方的要求记录在图纸上。类似的调查和交流有可能要进行多次，而且每次都必须把要更改的要求记录在图纸上，回来后整理成正式文件交给对方备案。这些调查的结果可以同业主提出的设计要求和文件如任务书、合同书等一同作为设计的依据。对建筑及相关专业的图纸进行深入的分析，结合项目的任务和要求，进行初步的规划，为下一步到工地现场的核对工作做好准备。

2. 现场调查阶段

在当下的中国，多数的室内设计工作是在建筑设计完成后、施工进行的过程中，或建筑施工已经完成的时候进行，室内设计工作受到建筑中各种因素的限制和影响，因此，有必要在设计开始前对建筑的现状要有一定的了解，减少日后工作中不必要的麻烦。所谓现场调查，就是到建设工地现场了解外部条件和客观情况。比如要了解自然条件，包括地形、地貌、气候、地质、建筑周围的自然环境和已形成的存在环境；了解建筑的性质、功能、造型特点和风格。对于有特殊使用要求的空间，必要时还要进行使用要求的具体调查；还要了解建筑的供热、通风、空调系统及水电等服务设施状况。同时，我们还要研究城市历史文化的延续，人文环境的形成发展，以及其能对设计产生影响的社会因素。当然，还应该考虑到适合当地的技术条件、建筑材料、施工技术，以及其他可能影响工程的客观因素。

3. 资料收集阶段

资料收集是进行方案设计的一个非常重要的步骤，它可以帮助设计师更加全面地考虑设计内容，理清设计思路，通过学习前人的经验或设计实例找出自身的不足，进而取长补短，找到自己的出路，设计出更加符合使用者要求的作品。

在进行资料收集时，要考虑的内容很多，可以从两个方面来论述：其一就是从整体来考虑，对大的空间关系进行处理；其二，从细节方面入手，对室内设计所涉及的材料选择、家具摆设的选择、色彩的配置、灯具的选择以及材料的材质等都必须进行详细的了解和学习，以便在设计中有所涉猎。另外，我们不仅要学会借鉴前人的传统做法，在此基础上进行创新是必不可少的，只有这样，设计出来的作品才能更加符合市场要求。

所收集的资料按照其对设计的影响可以分为两类，即直接参考资料和间接参考资料。也就是可以直接作用于设计的和与设计有关的文化背景资料。在收集过程中，都必须透彻了解。

有些新手认为收集资料并不是什么重要的事，其实，它的作用不可小觑，没有充足的资料，后期的设计就没有落实的基础，设计师也会因为没有思考全面，致使设计出来的作品不能满足要求。因此，资料收集并非是一件可做可不做的软任务，我们要认识到它的重要性并下功夫去做，为设计出更好的作品奠定坚实的基础。

（二）初步方案设计阶段

在设计方案得到业主的认可后，就该开始初步设计了，这是室内设计过程中较为关键性的阶段，也是整个设计构思趋于成熟的阶段。

在初步方案设计阶段，设计师应完成以下任务。

（1）与业主进行沟通，了解他对于项目的计划，将其以文字形式表达出来。同时可以提出自己的疑问和想法，让业主也了解到设计过程中的一些问题与要求，与其达成共识。

（2）整个工程是一个环环相扣的过程，每一步都必须谨慎对待，因此，对于项目中所涉及的任务内容、时间计划和经费预算等都要确认清楚。

（3）业主在设计过程中自然会提出自己的意见，这是他对设计的期望。但是，当这种期望不具备可行性时，设计师需要与业主进行商讨，共同找出既能在最大程度上令其满意又能切实可行的设计方案。

在初步方案设计阶段，最主要的工作是确定项目计划书，对设计的各种要求以及可能实现的状况与业主达成共识。对项目计划的明确和可行性方案的讨论，要以图纸方案和说明书等文件作为互相了解的基础。其具体内容包括以下几个方面。

①平面图（包括家具布置）。

②室内立面展示图。

③天棚图（包括灯具、风口等的布置）。

④室内透视效果图（彩色图）。

⑤室内装饰材料的实样版面。

⑥设计说明和工程造价概算。

（三）方案扩初阶段

为进一步深化发展粗略拟定的设计方案以及与业主更好地沟通，需要对方案进行恰当表达。表达手段包括利用正投影原理绘制的二维的平面图、立面图、剖面图、天花图，以及轴测图与虚拟的三维空间透视图，如能利用电脑动画、模型等手段来表达，效果会更佳，但同时花费也相对较大。

作为图纸补充，应提供材料、家具等样板等，可以是实物、照片或使用实例。为了使用户了解其性能、造型、色彩、质地、价格等因素，概算书和设计说明等文件也应该提供。期间，通过设计者与用户之间的多次对话与讨论，不断地对方案进行修正和完善，直至最终定稿。

（四）施工图设计阶段

施工阶段是指按照施工图纸，将设计理念实现的过程。没有准确的施工，再好的设计方案也难以实现。施工阶段是方案阶段的延续，也是更具体的工作过程。

施工进场第一项是根据施工图的内容，确定需要改造的墙体，对需要改造墙体的尺寸、界限、形式进行表示。在业主书面确定的情况下，以土建方 ±1 米标高线上，上返 50 毫米作为装饰 ±1 米标高线，并以此为依据确定吊顶标高控制线。确定灯具位置、空调出回风口、检修孔的位置。施工进场前需要依据施工图的重要内容进行确认和对照，施工人员和设计人员对图纸中不明确的地方进行敲定。

施工图的设计包括两方面的内容，其一是硬装工程，另一个是软装工程，下面我们来具体看看它们各自都涵盖哪些方面的内容。

1. 硬装工程

硬装工程指的是在现场施工的过程中，瓷砖铺贴、天花造型等硬性装修，不能进行搬迁和移位的工程。这些硬装工程是整个室内设计中主要使用界面的处理过程，需要大量的人力和工时，是室内设计施工过程中的重要环节。根据硬装工程的工序，进行施工程序的划分。

先根据龙骨位置进行预排线，定丝杆固定点，安装主龙骨，进行调平，然后安装次龙骨。根据轻钢龙骨的专项施工工艺进行精确的制定与安装。

石膏板、瓷砖等装饰材料在进行安装前，需要进行定样，然后材料进场进行施工。小样的确认能便于甲方和施工方的沟通，保证整体设计的效果。石膏板吊顶进行封板需要从中心向四周进行固顶封板，双层板需要进行错缝封板，防止开裂。转角处采用“7”字形封板。轻钢龙骨隔墙根据放线位置进行龙骨固定，封内侧石膏板，填充岩棉作为填充材料。

样板间中的木质材料如细木工板、密度板应涂刷防腐剂、防火涂料三遍。公共建筑的室内装修基材需要采用轻钢龙骨，以满足防火要求。

瓷砖需采用统一批号、同一厂家进行进货，根据施工图将瓷砖进行墙面、地面的排布，确认无误后订货。

地面需要用1∶2.5的水泥砂浆进行找平，并注意找平层初凝后的保护。由于地面重新找平，地面上第一次放线后线被覆盖，需要进行第二次放线。

涂饰工程施工前需要做好准备工作涂料饰面类应用防锈腻子填补钉眼，吊顶、墙面先用胶带填补缝隙，先做吊顶、墙面的阴阳角，然后大面积地批腻子；粘贴类应在粘贴前四天刷清漆，在窗框、门框等处贴保护膜，防止交叉污染。

湿作业应在木饰面安装前完成，注重不同材质的交接处，条文及图案类墙纸需要注意墙体垂直度及平整度的控制。工程中应注意各工种的交接与程序，避免对成品的破坏，注意成品的保护。

瓷砖铺贴应注意砖面层的保护，地面瓷砖用硬卡纸保护，墙面用塑料薄膜保护。地砖需进行对缝拼贴，从中心向四周进行铺设，或中心线对齐铺设，特别是地面带拼花的地面砖，要控制拼花的大小及范围。

木饰面安装一般都在工厂进行裁切，到场进行安装。组装完成后注意细节的修补，并进行成品保护。

地板铺贴应先检查基层平整度，然后弹线定位，进行铺贴。铺贴地板后及时进行成品保护。

墙体粘贴需提前三天涂刷清漆，铺贴前需将墙面湿润，根据现场尺寸进行墙纸裁切。

硬包应预排包覆板，于安装后进行成品保护。

玻璃一般情况下由工厂生产，到场后安装，安装后进行打胶、调试。

马桶及洁具、浴盆的安装需要按照放线进行对位。安装工程还包括灯具安装、五金件安装、大理石安装、花格板安装及控制面板安装。

2. 软装工程

软装工程是指在硬装工程结束之后，通过家具、陈设、布艺等可以进行移动和灵活处理的工程。软装工程是相对于硬装工程而言的，目前，市场上已经对软装工程进行了更加深入的研究和系统性的分类，“轻装修、重装饰”的理念已经开始逐步替代过去重视硬装工程而忽视软装工程的方式，成为装饰装修工程中的重点。

软装工程根据装饰位置的不同分为以下五个部分。

（1）家具。家具所包含的内容很多，如沙发、茶几、床、餐桌、餐椅、书柜、衣柜、电视柜等。随着现代室内设计行业的发展，家具的种类也更加丰富多彩，包括支撑类家具、储藏类家具、装饰类家具等。但是从另一个角度来讲，这种发展趋势也给家具的选择带来一定的难度，家具的选择不仅影响到业主的居住感受，也直接关系到装饰效果的成败。恰当的家具选择能够在空间中起到画龙点睛的作用。家具的风格需要与硬装的风格相呼应，才能够使整个空间成为一体。

（2）灯饰。灯饰的作用不仅仅是提供照明，还兼顾着渲染环境气氛和提升室内情调的作用。灯饰根据其造型和所处的位置可以分为很多种，包括吊灯、立灯、台灯、壁灯、射灯等。灯具的造型及照明方式的选择是软装设计中比较重要的内容。柔和的反射光能够营造静谧的空间氛围，明亮的直射光带给空间使用者明朗的空间感受。

（3）饰品。饰品指的是对室内空间具有装饰作用的物品，一般为摆件和挂件，其中摆件包括工艺品摆件、陶瓷摆件、铜制摆件等，挂件又可以分为挂画、照片墙、相框、油画等。饰品的布置宜精不宜多，多了会引起视觉上的混乱，并阻碍正常饰品效果的发挥。

（4）布艺织物。好的布艺设计不仅能提高室内的档次，也能够体现使用者的文化素质。

（5）花艺及绿化造景。包括装饰花艺、艺术插花、绿化植物、水景等。

（五）设计实施阶段

设计实施阶段即工程施工阶段。这一阶段是需要设计师与施工团队合作的一个阶段，大致可以分为以下几部分的内容。

（1）施工前，设计人员需要将设计图纸交给施工单位向其解释设计意图，并且要将图纸中涉及的技术予以告知，使施工单位做好准备。

（2）施工期间，设计人员需要不时地进行实地考察，按照图纸核对施工情况。当遇到实际情况与图纸不符的时候，需要根据现场的施工情况对图纸进行相应的修改。

（3）施工结束后，设计人员与施工单位的交接工作已经结束，这时需要通知质检部门对已经完成施工的建筑进行检查和验收。

（六）竣工验收阶段

竣工验收阶段需要对细节进行检查，及时对工程中的遗漏进行修补，进行施工验收准备以及清理。

验收环节包括水电、空调管线在吊顶安装前应完成隐蔽工程的调试，工程收口处的处理是否整齐，瓷砖铺贴对缝是否平直，墙纸对缝图案是否完整，五金件、门阻尼、插口是否使用方便。

验收合格后要及时绘制竣工图纸，对实际发生的装饰装修工程进行说明，并通过竣工图纸进行表述。竣工图纸要进行相应的备案，便于日后维修进行查阅。

七、方案评估阶段

方案评估目前作为一个比较新的观念而正在逐渐受到重视。它是在工程交付使用后的合理时间由用户配合对工程通过问卷或口头表达等方式进行连续评估，其目的在于了解是否达到预期的设计意图，以及用户对该工程的满意程度，是针对工程进行的总结评价。很多设计方面的问题是在使用后才能够得以发现，这一过程不仅有利于用户和工程本身，同时也利于设计师本身为未来的设计和施工增加、积累经验或改进工作方法。

本章总结

本章是本书的第一章，在开篇当中，作者即对当代室内设计中的理论进行了深入的解释分析。第一节内容对定义、分类以及特点作用等基本的概念性理论进行了阐述，在第二节当中，对更深层次的室内设计理论原理进行了更加深入的研究，诸如深层次内容、原则、风格流派、设计原理以及设计程序等多个方面。本章内容能够帮助读者夯实室内设计的理论基础，并且通过多方面深层次的阐析，给读者以更大的启发，使读者更深入地认识室内设计。

第二章　当代室内设计的背景与风水研究

室内设计有着其自身的时代背景因素。与其他设计不同的是，室内设计还要考虑到风水这一特殊的因素。本章将主要围绕这两部分内容进行深入的研究。

第一节　室内设计的背景因素研究

一、室内设计有着时代特征

社会是在不断进步的，文化是在不断发展的，人们的脚步也不能一直停滞不前。对室内设计来说，适应不断变化的社会文化环境是基本要求。因此，优秀的室内设计师必须了解社会、了解时代，以便对现代人类生活环境及其文化艺术的发展趋势有一个总体认识。

任何设计受到时代环境的影响，都会带有明显的社会时代特征。接下来，我们同样从西方和中方两个角度来分别讨论这两种文化环境下的设计所具备的时代特征。

（一）西方现代城市发展的趋势

西方现代城市化社会的特点大致可以归纳为三点，分别是功能化、巨大化和情报化，这也是当前世界各国城市发展的趋势。下面我们一起来探讨一下这三个特征具体是怎样体现的。

（1）功能化。随着社会生产力的发展与进步，许多高效率的机械化生产已经越来越成熟，它们的出现为社会进步提供了驱动力。例如，汽车的出现，使人们的出行更加方便，提高了人们的出行和工作效率，汽车因此成为人们生活中不可缺少的一种交通工具。但是，这种功能化的产品的出现也不可避免地存在着一些弊端。从这个角度来讲，它夺走了人们的步行空间，减少了人的活动机会，从长远来看，并不利于人们的身体健康。而且它排放的大量废气造成了严重的空气污染。

（2）巨大化。越来越多的高楼大厦的出现使城市中出现了巨大化的发展趋势。高层、超高层建筑的出现与发展，占据了城市中一个又一个巨大空间，人们的生产生活范围逐渐缩小。这种日益壮大的发展趋势扩大了建筑与人的尺度差，使人们感到窒息、压抑，虽然建筑越来越豪华，种类越来越丰富，却不能带给人们足够的幸福感。

（3）情报化。现代城市化的社会在信息的发展方面有一个质的飞越，信息的获取和传播都相当迅速。但是这种信息社会的发展对在城市生活的人们来说既会带来好处，又会带来弊端：情报信息的传播速度加快，使人们的生活更方便快捷。但是，情报信息装置破坏环境、造成对人的视觉污染也是现代城市环境设计中不得不承认和面对的难题之一。

从以上西方城市现代化的趋势来看，大部分的倾向其实是对人们的生活构成威胁的，过量的工业化造成对人类生存环境的污染。虽然也有一些临时性的弥补政策相继出台，但是都是治标不治本，不可能从根本上解决问题。这让我们不得不考虑中国的现代化城市将怎样发展，是否步西方先进工业国家过量工业化的后尘，发展类似“爆炸型”的现代城市呢？毕竟随着全球化的浪潮越来越凶猛，我们不能不担心这个问题。当然，自中国实行改革开放政策以来，确有不少大中城市模仿西方城市的发展，在那里具有现代城市化社会的特征已日趋明显。由此可见，现代工业化的进步对人们的生活产生越来越多的影响，到底该如何利用它，需要引起全社会的广泛关注。那么在西方现代化城市的发展影响下，中国到底走上了什么样的发展道路呢？

（二）中国现代城市发展的趋势

与西方城市相比，21 世纪以来，中国在“现代化”上的表现及进入工业文明的速度比较缓慢。我们可以从两个方面来进行讨论这种发展状况。一方面，工业化的速度慢，不利于我们快速发展经济，但是从另一方面来讲，在中国的这种迟滞发展的反面，由于前车之鉴，我们可以得天独厚地享有着不可能走向过量工业化的优越性。就是这样一种处于中间的态势却给了中国一种“特殊的机遇”：先前的大量工业化使得资源遭到破坏，环境也被污染，人们的生产生活大面积地遭受不良影响，因此“脱工业化”成为当前大多数先进工业国的目标。但是在这之前，工业化对中国的影响并没有那么深远，所以这个阶段对我们反而是比较有利的。

这种趋势下，我们既不能继续西方工业化社会的发展模式，形成西方“爆炸型”的生活方式，同时也不能止步不前，继续我们农业社会的“化石型”生活方式。这就要求我们开拓创新，找到一条属于自己的、符合自己国情的发展道路。对于这条道路到底是一条什么样的路，应该怎样走，是我们应该仔细思考、付诸实践去探索的。首先我们应该明确，目前的国情是什么，我们需要改变的部分又在哪里。面对当前这个“化石型”的农业社会，我们首先需要将人们的物质生活水平提高；其次，只有物质，没有精神引导，社会的进步难以持久。因此，在这条路上，我们不仅要注重物质文明，更要加强对精神文明的重视。走出一条物质文明与精神文明并重，创造具有高文化价值的人类生活环境道路来既是我们立足国情提出的发展方向，更是我国现代室内设计的指导思想。

进一步说，现代室内设计也具有现代艺术的以下基本特征。

（1）相关性。强调人、空间、物三者之间的相互关系。

（2）应用性。现代室内设计结合了科技性信息情报性及现代科技、材料、工艺于一体，展现了其应用性和与实践相结合的特征以及对新的宏观效果和微观肌理效果的追求。

（3）流动与可变性。随着现代人们生活节奏的加快，现代室内设计的风格也变得灵活可变。

（4）时空性。现代室内设计的艺术性表现包括很多方面，为了呈现出更好的设计作品，各个方面的因素都必须考虑周全。其中，时间和空间的艺术展现手段，也就是所谓的空间设计的时空性，是必不可少的考虑因素。

（5）尝试性。尝试将艺术、科技等各门类的内容相互渗透，从而进一步进行创新。

（6）参与性。室内设计说到底是为人民服务，所以人的参与和体验对进行有效的设计可以起到很好的帮助作用。

环境艺术设计是综合艺术的整合协调，具体到现代室内设计，则应从以下几个要点进行探究与思考。

（1）现代室内设计所包含的内容十分广泛，人们对室内空间的审美角度也各不相同。因此，设计师在设计时不仅要注重建筑空间的审美，更应该将审美意识的重心应转向时空环境。

（2）除了室内设计中的装饰效果，现代室内设计更应该注重文化韵味的体现。要使其审美层次逐渐从形式美升华到形式与文化结合的艺术美。随着人们生活水平的提高，虽然物质的满足在人们的生活中还是占比较高的比重，但是越来越多的人更加重视对精神的追求。人们这种观念的变化是社会进步的一个体现，同时人们想要追求更高的环境质量的心理也为环境设计行业提供了前进的动力。因此，设计师们在进行室内设计时，也对环境设计更加注重，他们开始大胆地把观念艺术的尝试用于环境设计上。这对我国室内设计的发展来说也是一项新的突破。

（3）现代室内设计强调关系学与整体把握。室内设计是诸要素的整合艺术，只有协调和把握好每个要素之间的关系，整体的室内环境才能和谐优美、相得益彰。

（4）现代室内设计的创造手法为“一切皆为我用”。做任何事都应该首先明确目标，然后将一切可以利用的环境都为我所用，这样才可以成功。室内设计更是这样，要达到的效果是第一位的，接下来的事情就是调动一切可以利用的条件，为这个目标服务。

二、室内设计的时代背景

室内是人类生活的主要场所。室内设计作为既古老又年轻的行业，在人类历史发展的不同时期，具有不同方向和使命。现在，作为一门新兴的学科，室内设计逐渐走入人们的日常生活。

无论从技术层面还是从审美角度分析，人类对自身生存环境的关注都经历了一个由低级向高级的进化过程。从宏观的角度来认识这一过程的话，我们大致可以将室内环境设计的历史发展过程分为三个阶段。下面我们就一起来看看在这三个阶段里，室内设计是如何一步步发展起来的。

（1）室内设计历史发展的最初阶段，也是人类文明发展的早期。在这个时期，人们解决居住空间环境的技术能力和所拥有的物质财富有限，只能满足最基本的生存需要。这一时期室内环境设计的成就大多体现在宗教礼拜、供奉偶像、祭奠先人的纪念性空间里。从历史上遗留的大量宗教建筑和墓葬内部空间来看，那个时期的室内空间在构造和处理手段上，体现出环境设计的艺术与技术紧密结合的特征，为后来的发展打下了基础。

（2）随着生产力的进步、社会阶层的分化以及社会财富的积累，人类文明发展到一定的时期，室内环境设计的发展也进入一个新的阶段。下面我们结合东西两方的设计来论述这一阶段的特点。

在东方，特别是在封建帝王统治下的中国，宫殿、园林、别墅装饰精美，异常华丽。如图 2-1-1 所示，是北京故宫太和殿的内部装修图，从图中我们其华丽辉煌的建筑风格。在历代文献中，也有很多关于室内设计的内容，如清代名人李渔就曾在《一家言居室器玩部》的居室篇中这样说："盖居室之制，贵精不贵丽，贵新奇大雅，不贵纤巧烂漫。" 这就是他对我国传统建筑室内设计的构思立意和室内装修的要领及做法所做的独到精辟的见解。

图 2-1-1 北京故宫太和殿的内部装修

在西方，欧洲中世纪和文艺复兴以来，西方统治者开始大兴土木，人们在室内空间的设计上着重追求视觉上的愉悦，所以这一时期所建的建筑物的内部空间风格极尽奢华，室内布满昂贵的材料、无价的珍宝、名贵的艺术品。就是因为这种表面奢华的景象导致了奢靡腐败的祸根的滋生，统治阶级一味地追求豪奢，不惜动用大量昂贵材料，使后人在设计时因为醉心于装饰而忽略空间关系与建筑逻辑。但是凡事都有两面性，工艺艺术品的引入，大大地丰富了室内环境设计的内容，给后人留下一笔丰厚的遗产。

（3）工业革命以后，新材料及其相应的构造技术极大地丰富了室内空间，人类对室内环境的创造活动跨入了一个崭新的时期。这个时期，钢、玻璃、混凝土、批量生产的纺织品等工业产品的出现，以及后来大批量人工合成材料的生产，给设计师带来更多的选择。受到新的“机器美学”的鼓舞，20世纪初的现代主义运动摒弃了室内设计中不必要的装饰，大量新颖材料和建筑技法被相继被采用，为创造更明亮、更宽广、更具功能性的室内环境奠定了基础。如图2-1-2所示，是德国在1919年创立的包豪斯（Bauhaus）学派建筑，这种新风格的特色是摒弃原有的奢华装饰，倡导设计的重点是要注重功能。不仅如此，它还把现代工艺技术与新型材料运用到建筑设计中去，在建筑和室内设计方面，提倡与时俱进，倡导与工业社会相适应的新概念。之所以提出这种观点，是因为包豪斯学派的创始人格罗皮屋斯认识到，人们现在正处在一个生活大变动的时期，机器以及现代工业的进步使旧社会的设计方式已经不能完全适应现在的社会，要想继续发展设计工作，使其与新社会相适应，就必须改革。经过近百年的不断实践和探索，现在室内环境设计已经成为一个融汇技术、跨越技术与艺术领域的综合性专业学科。

图2-1-2　德国包豪斯学派

第二节　当代室内设计的风水研究

“风水”是由祖先流传下来，到了现代则转化为各种学派理论。面对不同的内、外在环境及各地不同的风俗习惯，设计者需具备一定的风水知识，理性去看待及适度调整不合理的居住空间，以避免不良的格局。目前不少的设计者也投入风水学的研究，希望能帮业主解决空间上的问题。但有些空间的条件并不能全然套用“风水”理论，必须考量实际空间格局是否合适，如“穿堂煞”，设计者为了避免风水上的问题，在入口处做柜子挡煞，反而造成入口玄关的阴暗和牺牲了空间的开阔性。

当然设计者也要尊重业主的意见，以设计者的专业素养，在设计与风水中取得一个平衡点作为解决问题的最佳选择。虽然风水学与设计者对空间的看法不一，但能让业主住得平安、舒适放松，便是好风水。

下面我们一起来看看一些问题格局，大家可以作为参考，看看自己的房间布局到底正不正确，存在哪些问题，到底该怎样解决呢?

（1）问题格局：门对门。

问题原因：易发生口角。

解决方式：

①在空间许可的情况下，变更其中一个门的位置。

②将其中一个门设计为暗门。

③若无法更改，可在门上挂上门帘。

（2）问题格局：床头靠近楼梯间。

问题原因：对于忙碌的现代人来说，睡眠是很重要的，床头不宜设置在电梯间、楼梯间、厨房等共同使用的隔墙一侧，这种情况要尽量避免。

解决方式：

①床头避开楼梯间位置。

②若空间无法变更，可于床头墙面加封隔音墙。

（3）问题格局：卧室多窗户及床头靠窗。

问题原因：两种情况皆会影响睡眠。

解决方式：

①可以把床头窗户采用木制造型封闭。

②一间卧室以一个窗户为宜，其余窗户需封闭。

（4）问题格局：化妆台镜子照到床。

问题原因：比较容易被惊吓到，会影响睡眠质量。

解决方式：

请避开镜子直接照到床。

（5）问题格局：镜子设计在经常行走的线路范围内。

问题原因：若半夜使用卫生间，比较容易被惊吓到。

解决方式：

①可以设计镜子为隐藏式。

②避免镜子设计在经常走的线路范围内。

（6）问题格局：卫生间变为卧室。

问题原因：就算卫生间变更为卧室，但天花板依旧可见卫生间管道；整栋大楼的卫生间都集中在此区域，相对秽气；而且管道的水声都集中于此，会影响睡眠品质及健康。

解决方式：

若此卫生间不再使用，可更改为储藏室或工作间。

（7）问题格局：卫生间的门直接对到床。

问题原因：对身体健康造成不良影响。

解决方式：

①变更卫生间的门为暗门。

②若无法更改，可在门上挂上门帘。

③在空间许可情况下变更卫生间的门位置，避开直冲床位的范围。

④在空间许可情况下可使用木制高柜，将卫生间的门与高柜做成一体，以隐藏卫生间的位置。

（8）问题格局：炉台正前方开窗。

问题原因：会影响炉火的稳定及家里会有火气旺盛的情况。

解决方式：

①可以把炉台正前方的窗户用砖封闭起来。

②可以用不锈钢板封闭，还可增加炉台清理的便利性。

（9）问题格局：冰箱或炉台靠近马桶所在墙面。

问题原因：食之污秽之气会影响居住者的建康。

解决方式：

①更改马桶位置。

②更改冰箱位置。

（10）问题格局：书桌背对窗户。

问题原因：流动气流为散气，此为风水学“坐空”之说，此种情况下，光源易将自己的影子投射于书本上，精神自然无法集中。

解决方式：

书桌座位后方要有实墙可靠，表示有靠山，可更改书桌位位置。

本章总结

除了理论上的内容以外，室内设计也必须要参考一些其他的因素，那就是背景和风水。本章第一节首先从时代特征入手，使读者明白，室内设计是有着不可磨灭的时代烙印的，并进一步阐述了室内设计的时代背景。而风水则是特殊的一个问题，很多人认为这不科学，但事实却证明，风水遵循自然，遵循哲学，是非常科学的。通过本章的介绍，读者能够清楚地认识到，在当代室内设计中，不只要考虑死板的理论，更要从现实意义上来进行研究，并且通过对风水学的认识，修正一些在室内设计当中看似美观，但却非常影响实际使用的问题。

第三章　当代室内设计中的布置要素研究

在当代室内设计中，布置主要包括家具和景观陈设等方面。本章将对这一部分内容进行深入研究。

第一节　当代室内设计中的景观研究

一、室内植物的选择

（一）按生长形状选择

（1）乔木。主干明显，主干与分枝有明显区别的木本植物。有常绿、落叶、针叶、阔叶等区别。因其体形较大，枝叶茂密，在室内宜作为主景出现。在室内植物种类的选择上应根据空间的不同和植物生长特性的不同进行选择。

（2）灌木。灌木相对于乔木体形矮小，是没有明显主干、成丛生的树木。一般为常绿阔叶，主要用于观花、观果、观枝干等。室内常见灌木有栀子、鹅掌木等。

（3）草本。是相对于木本植物而言的，植物体木质部不发达，茎质较软，通常被人们称为草。但也有特例，如竹子。草本植物在室内中被广泛使用，成活率高，装饰效果好，成本较低。

（4）藤本。植物体态不能直立，弯曲细长，需依附于其他植物或支架，向上缠绕或攀缘。藤本植物多用作景观背景使用。

（二）按观赏特性选择

从植物的观赏特性，可将其划分为几种类型，即观叶植物，观花植物，观果植物，观茎植物，观根植物等。下面我们一起来仔细分析这几种植物类型各自的特征。

（1)观花植物。不同种类的植物，花的颜色、形态、大小多样、花色艳丽、花香郁馥、效果突出，比观叶植物更具特色和多样性。观花植物应尽量选择四季开花或花叶并茂的植物，如月季、海棠、令箭荷花、倒挂金钟等。

（2）观果植物。室内出观果植物并不多见，作为观赏的果，多具有美观的形状或鲜艳的色彩，应尽量选择花、果、叶并茂的植物。观果植物与观花植物一样，都需要充足的光线及水分，如石榴、金橘等。

（3）观叶植物。指的是以植物叶片的色泽、形态、质地为主要观赏对象的植物群落。观叶植物多生于热带、亚热带雨林的下层，耐阴湿，不需要很强的光线，在室内正常的光线和室温下，大多也能长期呈现生机盎然的姿态。由于适宜室内生长，因此观叶植物成为室内绿化的主导植物，经不断筛选、培育，观叶植物形成许多新品种。首先使在大小方面，不同品种的观叶植物，叶的变化很大，大叶可达 1m ~ 3m，小叶不足 1cm；其次，在形状方面，不同的观叶植物形状也各不相同，有线形、心形、戟形、椭圆形等多种形状；第三个，在叶子的颜色表现上，不同的植物在叶色倾向上也有很大差别，大部分叶子比较倾向绿色，以及红色、紫色，还有洒金、洒银等花叶。

（4）观枝干、观根植物。以植物的枝干和根部的形态、表皮肌理、色泽为观赏特征。赏根植物可于玻璃器皿中种植以显露根部特点。

（三）按配置和组合方式选择

从配置、组合方式来看，可分为孤植、对植、列植和群植。

（1）孤植。指的是一般选用观赏性较强的单株植物在空间中独立布置，植物本身的轮廓、形态、色彩、质感往往较为突出和鲜明，强调一枝独秀，多布置于空间中心作为主体、焦点来处理，适于小空间、近距离观赏。可单独栽种，也可以与山石、水体、建筑等其他元素相互衬托。

（2）对植。多用于建筑、路径的出入口以及楼梯、视觉中心的两侧等处。按轴线对应摆放两株或两丛植物，起标识、引导作用。一般选用姿态、体量比较接近的植物，两者关系可对称，也可呈均衡状态。

（3）群植。多株植物进行配置，也可配合山石、水体使用，体现群体组合美感，适于较大的空间场合。可作为主景，也可以作为背景使用，可用同种花木组合，也可多种花木混合，多会强调自然随意、错落有致，一般忌成行、成排等距排列。

（4）列植。多用相同或相近形态、大小的植物按等距线状或网格状布置，整齐规则，理性简洁，富于现代感。这种配置方式多用于交通空间及背景等处，主要用来导向、划分空间以及起烘托、配景作用。

二、室内山石

室内空间中用山石造景，意在将自然景观用艺术的手法融入室内空间中。掇山、置石是室内山石景观常用的表现形式，石材给人的感觉坚硬、稳重，在空间中可以起到呼应植物的作用，模拟自然的景观形态。

（一）掇山

掇山又称掇石或叠石，是利用石块堆叠而成，与置石相比，堆叠假山规模大，用材多，有叠、竖、垫、拼、压、钩、挂、撑等多种处理手法，有卧、蹲、挑、飘、洞、眼、窝、担、悬、垂、跨等表现形式。室内叠山，须以高大的空间和足够的视距为条件，供人登临时，还要有景可望。体形较大，较为完整的山应有峰峦、崖壁，有蹬道、洞壑、亭台，有涧谷、矶滩。玲珑俊秀的孤石单峰可用来做单独欣赏，盆景假山则是微缩的掇山艺术形式。叠石为山，有志可考始于汉代，需要较高的艺术、文化修养和技艺，非一般匠人所能胜任，从材料构成上分，除了全石山，还有土石相间的做法，利于种植花木，加强山体的生机。

（二）置石

山石在造景过程中除了可以掇山，还可以散落地布置，称为置石。按山石的摆放位置可分为散置、对置和特置三种形式，下面我们一起来看看它们分别是怎样放置的。

（1）散置。将石材按照美学原理散落地布置在室内空间中，既不可均匀整齐，也不可缺乏联系，要有散有聚、疏密得当，彼此相呼应，具有自然山体的情趣。

（2）对置。在空间边缘处对称布置两块山石，以强调空间边界和用于视线引导。

（3）特置。选择形态秀美或造型奇特的石材布置在空间中，作为空间的构景中心，增强空间环境的氛围。

三、室内水景

水是生命之源，自古以来人类择水而居，可见水对于人类的影响深远。自然界中水体有静态、动态之分，自然山水园林，注重流水的表现，室内空间中的水景常选择静态或动静结合的形态表现。

（一）静态水

所谓静态的水，通常指相对静止的水，可以营造宁静悠远的意境。室内空间中静水常以池的形式来表现，可营造两种水景观，一种是借助水的自身反射的特点映出虚景，利用倒影增加空间的景观层次；另一种是借静水作为背景，水中可以种植水生生物，可置石、喷泉，架桥，设置岛状空间等，以烘托气氛。水之所以呈静态，是因为有水池的盛装。所以按水池的形状来分，可以将其分为规则式和自然式。

（1）规则式水池。由规则的直线或曲线作为岸边围合成的几何式水体。如方形、矩形、多边形、圆形或者几何形组合，多用于规则式的庭园中。

（2）自然式水池。模仿自然山水中水的形式，水面形状与室内地形变化保持一致，主要表现水池边缘线条的曲折美。

（二）动态水

由于重力作用，水会由高向低产生自流，动态的水包括河流、溪涧、泉瀑等，通过流淌、跌落、喷涌等方式能够表现不同的动态，具有强烈感染力，引人注意，适合在空间的视觉中心处使用。室内设置动态水，常结合地形和落差等因素，并通过水泵利用循环水加以实现。泉、瀑和喷水还常作为水源与池潭结合使用，并能为其加入动态因素。

（1）流动的水——溪。溪为山间小河沟，一般泛指细长，曲折的水体，忌宽求窄，忌直求曲。流动的水态会受流量、沟槽的宽窄、坡度、材质等的影响和控制而呈现出千姿百态，这些地势等的影响、植物、山石的遮挡或藏隐等会使水体时而曲折流淌，时而从高处跌落，会使其更显源头深远，有水源不尽之意。

（2）落水和喷水。落水和喷水是两个概念，落水指的是流水从高处落下，常见的落水有泉和瀑两种，它们是按水量的大小与水流的高低来区分的。瀑指较大流量的水从高处落下；泉指较小流量的滴落、线落的落水景观。

①泉。多为人工喷泉，即以水泵将水流加压打成向上喷射的水柱、水花或雾状洒落的水雾，水流落回池中，可再循环打起亦可用泵排出，泉用水量少，在经济和技术上容易实现，在室内绿化中运用普遍。喷泉多与雕塑假山结合，以取得综合的观赏效果。因喷射水流的程度和方向的不同，可以将喷泉分为单射流喷泉、集射流喷泉、散射流喷泉和混合射流喷泉、球形射流喷泉、喇叭射流喷泉等多种形式。

②瀑。瀑又称跌水、飞泉。我们都知道，瀑布是由于地势较高，水体产生势能迸发出的能量，所以见过瀑布的人都会被它那雄伟的气势所震撼。随着室内设计的发展，人们也会经常在室内布置一些小型的瀑布景象，常用作空间环境的焦点。室内设计中的瀑布主要是利用地形高差或砌筑方式于高处建造蓄水池，并通过水泵使水周而复始地循环，瀑布下方多结合池潭、溪涧等。瀑布也可以分为不同的形式，瀑布的特性取决于水的流量、流速以及瀑布口的状况，以其落水与壁面的关系分悬壁的离落、沿壁的滑落、分层接传的叠落等形式。根据这些特性，瀑布又可以分为帘瀑和叠瀑。帘瀑，也称水幕墙，以墙体等实面为坡，水沿实面滑落、离落，克服了水跌落而产生的噪音。叠瀑，又称流水台阶，在水的起落高差中，添加一些水平台阶，使水层层叠落而下，比一般瀑布更富于层次变化，台阶的多少和大小随空间条件而定。

③喷水。喷水又称喷泉，是室内设计中常用的一种景观装饰。在当代室内空间的设计中一般多使用人工喷泉，利用压力使水自喷嘴喷向空中后形成水花、水柱、水雾等景观，气氛活跃，适于空间的中心、焦点处使用，喷水形状、喷水量、喷射高度都可以根据设计意图加以控制。喷水是西方古典园林中的常用要素，这种做法起源于希腊运用天然的水源，而后逐渐发展为装饰泉，多与雕塑、山石配合使用，即使停止了喷水，也有很好的欣赏价值。随着技术的进步，利用电子技术，加入声、光的处理，又出现各种动态、立体造型的喷泉，以及时控、声控喷泉，大大丰富了喷泉作为水景的艺术效果。

第二节　当代室内设计中的家具陈设研究

一、家具的分类

（一）按制作材料分类

下面我们就一起来看看按制作材料分类的家具都有哪些。

（1）木、藤、竹质家具。主要部件由木材或人造板材、竹材、藤制成的家具。纹理自然，有一定的韧性，有浓厚的乡土气息。

（2）石材家具。石材家具多选用天然大理石或人造大理石。天然大理石色泽透亮，有天然的纹路；人造大理石花纹丰富。石材制作家具以面板和局部构件较多。

（3）玻璃家具。玻璃家具一般采用高硬度的强化玻璃和金属框架，由于玻璃的通透性，可以减少空间的压迫感，较适用于面积小的房间。

（4）塑料家具。主要部件由塑料制成的家具。造型线条流畅，色彩丰富，适用面广。

（5）金属家具。一般指由质轻高强的钢和各种金属材料制成的家具。其特点是材料变性小，加工困难。

（6）软体家具。软体家具主要包括布艺家具和皮制家具。因其舒适、美观、环保、耐用等优点，越来越被人们所重视。

（二）按使用功能分类

按照使用功能来分类，家具一般可以分为以下几种类型。

（1）坐卧类家具。这类家具是以支承人体为主要目的的家具。与人体接触最多，受人体尺度制约较大，设计中主要应符合人的生理特征和需求，如椅、凳、沙发、床等。

（2）凭倚类家具。这类家具是人们工作和生活所必需的辅助性家具。为人体在坐、立状态下进行各种活动提供倚靠等相应的辅助条件，同时兼顾人体静态、动态尺寸及支撑物品的大小、数量等因素，如餐桌、工作台等。

（3）分隔类家具。现代建筑空间，为提高内部空间的灵活性，以及有效的使用面积、减轻建筑自重，常常利用家具来完成对空间的二次划分任务，起到对空间的虚拟分划作用。例如，屏风在我们生活中经常可以见到，它是一种用于分隔空间的典型家具，是中国家具的独特品种，屏风的使用大大增添了室内空间组织的灵活性和可变性。它的作用可以体现在几个方面：屏风设在入口或其他部位，有助于增强室内空间的私密度和层次感；在宫殿建筑中，正座屏风还常常与正座地平、正座藻井相配合，组构出以宝座为中心的核心空间，对整体空间起统辖、强调作用，并会对空间尺度的悬殊对比起到协调和中介转换作用。

（4）贮藏类家具。以承托、存放或展示物品为主要目的的家具。首先需要充分考虑的是储存物品的大小、数量、类别、储藏方式、所处空间的尺寸，以及必要的防尘、通风等问题；其次，还应兼顾人体尺度、生理特点、使用频率等因素以方便存取，如各种橱、柜、架、箱等。

（三）按构造体系分类

按构造体系分类，家具一般可以分为框式家具、板式家具、注塑家具和充气家具这几类，下面我们一起来看看这些构造体系的家具各自有什么特点。

（1）板式家具。用胶合或金属连接等方式将板式材料连接起来的家具，特点是平整简洁，造型新颖美观，运用很广。

（2）框式家具。以框架为家具受力体系，常有木框及金属框架等，再覆以各种面板。

（3）注塑家具。注塑家具是采用硬质和发泡塑料，用模具浇筑成型的塑料家具，整体性强，是一种特殊的空间结构。

（4）充气家具。充气家具的基本构造为聚氨基甲酸乙酯泡沫和密封气体，内部空气空腔，可以用调节阀调整到最理想的坐位状态。

（四）按使用特征分类

按使用特征分类，家具可以分为以下几种类型。

（1）固定家具。这类家具指与建筑物构成一体的家具，它不能随意移放。常用于居住建筑室内环境中，如壁柜、吊柜、搁板等，部分固定家具还兼有分隔空间的功能。固定家具既能满足功能要求，又能充分利用空间，增加环境的整体感，更重要的是可以实现家具与建筑的同步设计与施工。

（2）配套家具。这类家具是指为满足某种使用要求而专门设计制作的成套家具。

（3）组合家具。这类家具是指由若干个标准的家具单元或部件拼装组合而成的家具。其适用范围还需进一步开发。

（4）多用家具。这类家具是指具备两种或两种以上使用功能的同种家具。可以分为两类：一是不改变家具的形态便可多用的家具；二是改变使用目的时必须改变原来形态的家具，如沙发床展开是床，收叠后便是沙发。

（五）按使用场合分类

（1）住宅用家具：客厅家具、卧室家具、厨房家具、餐厅家具、书房用家具。

（2）宾馆酒店家具：客房家具、大堂用家具、餐厅、酒吧用家具、舞厅家具。

（3）幼儿园、学校用家具：课桌椅、办公桌椅、收纳柜、衣架、玩具教具柜等。

（4）办公家具：办公桌椅、会议桌椅、文件柜、茶具柜、沙发、茶几、屏风、电脑家具、迎宾台等。

（5）医疗用家具：医疗床、药架、药柜、收纳柜、医疗用椅、等候椅等。

（6）车站、机场用家具：休息椅、休息沙发、电视柜、监视器柜等。

（7）交通工具内用家具：汽车椅、火车座、床、桌、飞机用椅、轮船内各种家具等。

（8）商店用家具：货架、货柜、展台、贴货架、展卖台等。

（9）会堂、影剧院用家具：排椅、可视电话台等。

（10）展示用家具：展台、展柜、接待台、展架、灯箱等。

（六）按与建筑的相对关系分类

家具与建筑的关系有两种：一种是一体的，一种是分体的。一体的不可移动，可以充分利用空间；分体的可移动，方便组合。

（1）移动式家具。移动式家具是可根据室内的不同使用要求而灵活布置和移动的家具，可轻易改变空间的布局。

（2）固定式家具。固定式家具也称嵌入式家具，是指与建筑结合为一体的固定或嵌入墙面，地面的家具。这种家具的优点是可根据空间尺度、使用要求及格调量身定做，使空间得到充分利用。但这些家具也有不能自由移动摆放以适应新的功能需要的局限。

二、家具的选择

（一）家具的选用原则

选用家具时，一般要考虑三个层次的问题：首先应满足实际需要，其次是充分利用空间，最后考虑经济承受力。实际选用时应综合考虑，权衡这三者的地位，下面针对家具的选用介绍一些简化了的一般准则。

（1）化整为零。把零散的各种使用功能的家具转化成一组家具，既能塑造完整的空间，又能使空间规矩整齐。

（2）具有应变性。所谓应变性包括两个方面的含义：一是家具的容量应有一定的延伸能力，以便必要时可容纳更多的物品；二是家具的色彩和形体容量易于协调，以便适应室内布置的变更。

（3）具有多种功能。尽可能挖掘家具的多功能潜力，每一件家具最好能具有两种或两种以上的功能，这样才能解决日常生活所需。

（4）具有可变性。这一点也包括两个方面的含义：一是购买可在不同时刻发挥不同功能的家具；二是可购买能移动、组合、折叠、充气、拆卸的家具。

（5）增大储存量。在购买家具时，应注意尽可能增大家具的实际储存量，这样会减少所需家具的数量、避免室内空间过于拥塞。

（6）考虑不同人的心理需要。家具的造型设计、材料的选用及搭配、装饰纹样、色彩图案等要多考虑不同年龄人的心理需要。例如，老人、青年人和小孩儿的房间不能全部设置成一样的，而应该根据他们不同的心理需要来选用不同的家具。

（7）尊重个性化。市场上的成品家具批量化生产，在质量、价格等方面有一定的优势，但不能完全满足建筑室内外空间的需要。因此现代家具设计要因人而异，因地制宜，讲究个性化，追随潮流化，“量体裁衣”式家具设计与生产将能更快适应社会的需要。

（二）家具的布置方法

家具在室内的布局可分为两种，即平面构图关系上的布局和空间位置上的布局。下面我们就从这两个方面来讨论一下家具的布置方法。

1. 从空间平面构图关系上划分

（1）对称式布局。空间有明显轴线，庄重、严肃、稳定，呈静止状态，适于隆重、正规场合。

（2）非对称式布局。多数空间中由于种种原因，无法实现绝对对称。非对称式布局活泼、自由、随意，适于轻松、非正式等场合。

（3）集中式布局。常适合于功能比较单一、家具品类不多、房间面积较小的场合，组成单一的家具组。

（4）分散式布局。常适合于功能多样、家具品类较多、房间面积较大的场合，组成若干家具组、团。

2. 从家具在空间中的位置划分

（1）岛式。在室内中心部位布置家具，四周作为过道。此种布置方法强调家具的重要性和独立性，中心区不易受到干扰和影响，适合面积较大的空间。

（2）走道式。空间中相向的两侧墙体布置家具，留出中间作为过道，交通对两边都有干扰，适用于人流较少的空间。

（3）单边式。仅在空间中的一侧墙体集中布置家具，留出另一侧空间用来组织交通，适合小面积空间。

（4）周边式。布置时避开门的位置，沿四周墙体集中布置，留出中间位置来组织交通，为其他活动方式提供较大的面积，此种布置方式节约空间面积，较适合面积较小的空间。

（5）悬挂式。为了提供更多的活动空间，家具的布置方式向空中发展。悬挂式家具与墙体结合，使家具下方空间得到充分的利用。

从家具布置与墙面的关系又可以分为以下三种。

（1）靠墙布置。充分利用墙面，使室内留出更多的空间。

（2）垂直于墙面布置。考虑采光方向与工作面的关系，起到分隔空间的作用。

（3）临空布置。用于较大的空间，形成空间中的空间。

三、室内陈设设计研究

（一）陈设的定义和作用

概括地讲，一个室内空间，除了它的地面、墙面、顶棚等构件，其余内容都可认为是室内陈设，包括我们自己本身。因为我们的不同服装、行为方式也会为空间充满生气和色彩。

概括来说，陈设品的作用就是对室内空间进行装饰，因此，它的使用具有很大的灵活性。但是，灵活不代表随意，室内陈设具有组织空间、充实空间和分隔空间的功能，陈设品的选择必须与室内空间环境相协调，不同的位置、风格都会影响整个空间的氛围。因此，不同的空间对室内陈设的要求也各不相同。

（二）室内陈设的分类

（1）装饰性陈设。装饰性陈设重装饰轻功能，主要用来体现空间的意境，陶冶人的情操。如艺术品、工艺品、纪念品、收藏品、观赏性的动植物等。

（2）功能性陈设。这类陈设是指具有一定使用价值又有一定观赏性和装饰性作用的陈设品。如家具、灯具、织物、器皿等。

（三）室内陈设的布置原则

（1）统一格调。陈设品的种类繁多，个性复杂，如果不能和室内其他元素相协调，必会导致其与室内环境风格形式的冲突，从而破坏了环境的整体感。因此布置时要以室内风格为出发点。

（2）主次分明。布置陈设品时，要在众多陈设品中尽可能地突出主要陈设品，使其成为室内空间中的视觉中心，使其他陈设品起到辅助、衬托的作用，不可喧宾夺主，避免造成杂乱无章的空间效果。

（3）尺度适宜。为了使陈设品与室内空间拥有恰当的比例关系，因此要根据室内空间的大小进行布置。同时，还必须考虑陈设品与人的关系，要根据人的观赏习惯进行布置，避免失去正常的尺度感。

（4）富于美感。绝大部分室内陈设的布置是为了满足人们视觉感受的需求，是属于视觉美的范畴，因此在布置时应该符合形式美法则，而不仅仅是填补空间布局。

（四）室内陈设的陈列方式

（1）落地陈列。适宜体量较大的装饰物的陈设，如雕塑、灯具、绿化等。适用于大型公共空间的入口或中心，能够起到空间引导的作用。布置时应注意所放置的位置要避开大量人流，不能影响交通路线的通畅。如图 3-2-1 所示，就是一种落地式的摆设形式。

图 3-2-1　落地陈列

（2）台面陈列。是指将陈设品摆放在桌面、柜台、展台等进行陈列的方式，如图 3-2-2 所示。布置时可采用对称式布局，显得庄重、稳定，有秩序感，但欠缺灵活性；也可采用自由式布局，显得自由、灵活且富于变化。

图 3-2-2　台面陈列

（3）橱架陈列。因橱架内设有隔板，可以搁置譬如书籍、古玩、酒、工艺品等装饰物，因此具备陈列功能。如图 3-2-3 所示，展现的就是一幅橱架式的陈列方式，这种陈列方式对于陈设品较多的空间来说是最实用的形式。布置时宜选择造型色彩单纯简朴的橱架，布置的陈设宜少不宜多，切不可使橱架有拥挤和堆砌的感觉。

图 3-2-3　橱架陈列

（4）墙面陈列。这类陈设是指将陈设品以悬挂的方式陈列在墙上，如字画、匾联、浮雕等。布置时应注意装饰物的尺度要与墙面尺度和家具尺度相协调。如图 3-2-4 所示，展现的就是墙面陈列的一种形式。

图 3-2-4　墙面陈列

（5）悬挂陈列。在举架高的室内空间，为了减少竖向空间的空旷感，常采用悬挂陈列。如吊灯、织物、珠帘、植物等。布置时应注意所悬挂的陈设品的高度不能对人的活动造成影响。如图 3-2-5 所示，展现的就是悬挂的吊灯在室内陈设中的效果。

图 3-2-5　悬挂陈列

本章总结

布置在室内设计当中是非常重要的一部分。合理的器物布置能够使空间利用更加合理，合理的景观布置则会给室内气氛增添更多的情趣。本章通过对室内设计的景观和陈设家具等方面的布置进行详细的解释和研究，令读者在这一领域能够有更深的认识，同时在实际操作中学会做出合理的选择，运用正确的方法。

第四章　当代室内设计中的色彩要素研究

在室内设计中，色彩是占据重要地位的要素。这是由于色彩在人们视觉感官中起到重要作用，不同的色彩会给人完全不同的感受，从而营造出截然不同的室内氛围。本章将对色彩要素进行深入的研究。

第一节　色彩的理论分析

一、色彩设计的基本原理

（一）色彩的基本概念

1. 色彩的概念

色彩，它不是一个抽象的概念，它和室内每一个物体的材料、质地紧密地联系在一起。色彩具有强烈的信号，能够起到第一印象的感观作用。例如，在绿色的田野里，人们很容易发现穿红色衣服的人，这是因为红色和绿色的强烈对比，给人的视觉感受造成较大的冲击；在举办聚会的时候我们喜欢把场所布置得五彩缤纷，以此来增强欢乐的气氛，这是因为鲜艳的色彩容易给人的心理上带来愉快的感觉；当我们在游山玩水的时候，一般喜欢晴朗的天气，因为晴天里的景色看起来比较明丽，使人感觉享受，若不巧遇上阴天，面对阴暗灰淡的景色会觉得扫兴。这些都表明，色彩能快速激发人的感官作用，支配人的感情。

色彩会影响人的感情，但影响色彩的因素也有很多，它会随着时间的不同而发生变化，微妙地改变着周围的景色，如在清晨、中午、傍晚、月夜，景色各具特色，给人不一样的感觉，主要是受光色不同的影响。色彩在自然界中的变幻造就了很多壮丽景色，一年四季不同的自然景观，丰富着人们的生活，善于发现美的人们就把色彩的这些特点运用到室内设计中来了。

室内设计中对色彩运用的历史可以追究到很早，1942 年，布雷纳德和梅西对顶棚的色彩、墙面的照度利用系数等做了研究，穆恩也曾对墙面色彩效果做了数学分析，指出当墙面反射增加至 9 倍时，照度增加 3 倍，并进一步说明相同反射系数的色彩或非色彩表面，在相同照度下是一样亮的，但在室内经过"相互反射"，从顶棚和墙经过多次反射后达到工作面，使用色彩表面比无色彩表面照度更大。虽说色彩的形成具备一定的科学依据，但是在生活中，人们对色彩的认识仅停留在视觉和心理感受的过程，关于色彩的相互关系、色彩在室内设计中的应用以及色彩的偏爱等许多问题还不能得到真正的解决，有待于进一步的研究。

2. 色彩的来源

光是一切物体的颜色的唯一来源，它是一种电磁波的能量，称为光波。光可以分为可见光和不可见光，在光波波长 380~780nm 内，人可察觉到的光称为可见光。由此可见，可见光在电磁波中所占的比例是极小的。光不仅是色彩形成的决定因素，也是人之所以存在色觉的根本原因，因为没有光一切就无从谈起，光刺激到人的视网膜时形成色觉。光射到物体表面，反射到人眼，才能使人看到物体的颜色，所以我们看到的物体的颜色是指物体的反射颜色，没有光也就没有颜色。物体的有色表面，反射光的某种波长可能比反射其他的波长要强得多，这个反射得最长的波长，通常称为该物体的色彩。因为有些光会被吸收或者透射，所以表面的颜色主要是从入射光中减去一些波长而产生的，因此感觉到的颜色，主要决定于物体光波反射率和光源的发射光谱。

（二）色彩的分类与属性

1. 色彩的分类

（1）无彩色系。无彩色系并不是指的完全没有颜色，而是指由黑色、白色或灰色按照一定的变化规律形成有序的系列。

（2）有彩色系。指无彩色系以外的所有颜色，即包括红、黄、绿、蓝等色相在内的不同明度和纯度的色。

2. 色彩的属性

色彩有三种属性，它们又被称为色彩的三要素，分别是色相、纯度和明度。在无彩色系中色彩的明度是其基本属性，在有彩色系中色相是其最基本属性。掌握和熟悉色彩的这三大属性，对于认识和应用色彩是极为重要的。下面我们就一起来看看色彩的这三个要素的具体含义。

（1）色相。指颜色的相貌，是一种颜色区别于另一种颜色的表象特征，如红、黄、蓝等色相实质上是由多种不同波长在物体表面反射（或透射）的光量而决定的。色相是色彩中最根本和最重要的属性。

（2）明度。又称亮度，指色彩的明亮或深浅程度。物体的明度愈接近白色，明度愈高；愈接近黑色，明度越低。明度是色彩具备的最基本的属性。

（3）纯度。又称饱和度或彩度，指色彩本身的纯净程度。

二、色彩与感受

（一）色彩与其代表的情感

1. 红色

红色本身具有强烈的色彩效果，我们经常会有这样的经验：在很多穿着各种各样颜色衣服的人群中，总是能很容易地找到穿红色衣服的人。这是因为：一，红色本身比较鲜艳；二，红色是波长最长的颜色。因此，人眼在看红色时，需要调整焦距，就容易产生目标物体较靠近的感觉。生活中我们身边很多东西都被设置成红色，红色也是我们国家的一种象征性颜色，例如，我们的国旗是红色的，故宫的宫墙是红色的，甚至我们中国人有一个习俗，就是人们在本命年的时候也会穿上红色的衣服。红色代表着青春、活力和热血。

2. 橙色

橙色是一个比较中和的颜色，它不像红色那么热烈，也不像蓝色那么忧郁，它依然是一个热情的颜色。橙色对人体有一定的刺激性，会让人产生愉悦的感觉，是活力和精神饱满的象征。

3. 黄色

黄色在色相环上是明度级最高的色彩，明亮的黄色容易使人产生刺眼的感觉，它像太阳一样给人温暖，使人感觉生机勃勃，积极向上。在人们心中，黄色是朝气和温暖的象征，在室内设计中，黄色也经常被运用，给室内营造一种温馨的氛围。

4. 绿色

看到绿色人们会自然而然地想到植物的颜色，它代表着大自然中植物生长、生机盎然、清新宁静，是生命力量和自然力量的象征。从视觉效果上讲，绿色是最能让人眼得到休息的颜色；从心理上讲，绿色令人平静、松弛而得到休息。

5. 蓝色

蓝色在人们眼中一直是一种象征着忧郁的颜色，其实，这种印象有一定的片面性。任何一种事物都有两面性，从积极方面来说，蓝色能营造出一种安静的氛围，能使人们内心感觉安宁、镇静，有利于降低血压；从消极方面来说，过度使用蓝色，容易让人产生郁闷的情绪。

6. 紫色

紫色是红青色的混合，给人一种精致沉着的印象，一般作为高贵典雅的象征。作为一种混合颜色，每种颜色分量的多少都会影响颜色表现出来的效果，因此，紫色其实也可以分为很多种，每一种都能给人带来不同的心理感受。

7. 黑色

黑色具有高贵、稳重、绅士、科技的意象，是许多科技产品的用色。客观来讲，黑色具备积极和消极两个方面的意义。

（1）积极类。黑色沉着稳重，使人得到休息、安静、沉思，显得严肃、庄严、坚毅。黑色在日常生活中的应用十分广泛，在服饰设计方面，黑色是永不过时的颜色，可以与任何颜色搭配，黑色服饰可以塑造出高贵的形象，广为人们喜爱；在室内设计中常应用黑色作为背景色，给人大气沉稳的感觉，一些特殊的空间场合也会用到黑色，但它常用于公共场所的局部色彩点缀，不能设计成完全的黑色的空间，否则会使人感觉非常压抑，更不适合用在家庭装修的主体色调选择。

（2）消极类。在漆黑之夜或漆黑的地方，人们会有失去方向的感觉，甚至有阴森、恐怖、忧伤、悲痛，甚至死亡的印象。

8. 白色

白色象征纯洁、神圣、洁净，具有高级、科技的意象，但是，纯白色会带给人寒冷、严峻的感觉，所以通常白色需和其他色彩搭配使用，在使用白色时，都会掺一些其他的色彩，如象牙白、米白、乳白等。在室内设计领域，白色是永远流行的主要色，可以和任何颜色搭配。

9. 灰色

灰色是介于白色和黑色之间的一种颜色，它不像白色那样明亮，也不像黑色那么深沉，它具有一种柔和的视觉效果，带给人一种优雅的形象感受。灰色是一种永远都不会过时的颜色，因为色彩对眼睛的刺激性适中，是视觉最不容易产生疲劳的颜色，因此为广大群众所接受，这是它积极方面的意义。但是灰色也有它的消极方面的意义，例如，它平淡的颜色使人感觉单调乏味，没有兴趣，甚至沉闷、寂寞、颓废。因此，在使用灰色时，我们需要点缀一些鲜艳的色彩，使其得到中和，这样才会使整体看起来既有灰色的端庄高雅，又不会过于单调。

10. 褐色

褐色在室内设计中一般不会被用作主要色彩，但是在一些特殊的部位常具有重要的作用，一般被用来强调格调古典优雅的氛围。

褐色包括在土色系列中，用在室内空间中能烘托出环境的高档，在室内设计中的应用十分广泛。不仅木制材料土色成分多，各种壁纸的颜色中，土色占的比例也比较多，老人居住的空间、办公空间等场所都适合此种颜色为主体系，当然还需要其他颜色互相搭配才能起到室内空间颜色调和统一的效果。

11. 光泽色

光泽色是一种表面光滑、质地坚硬的颜色，一般这种颜色的物体表面都具有很强的反光能力，因为这种特性，用在室内设计中常给人一种时髦、个性、高贵、华丽的印象。常见的光泽色物体有金银铜等金属物质以及塑料、玻璃等具有很强反光能力的物体，在不同的角度看到的感觉也各不相同。这种颜色属于装饰功能与适用功能都特别强的色彩，广泛应用于建筑设计及室内设计中，是设计色彩中不可缺少的颜色。

（二）色彩的对比与调和构成

1. 色彩对比

色与色相邻时，与单独看见该色的感觉不一样，我们称之为色彩的对比。这种对比现象可以分为两种，即同时对比现象和连续对比现象。下面我们就一起来看看这两种现象都有什么特点和区别。

（1）同时对比现象。当我们将两种不同的颜色放在一起时，它们在人眼中呈现的感觉就带有互补色的效果。例如，把同一种色彩分别置于白色和黑色背景上，我们会发现白色背景上的颜色显得比较简洁，原本的颜色显得比较暗；而黑色背景上的颜色显得比较强烈，这就是同时对比产生的效果。但是，也有一定的例外，这里所说的在黑色背景上显得颜色较暗的一般是除了非常暗淡的颜色之外的色彩。

（2）连续对比现象。我们在生活中经常会碰到这种情况：当我们注视天空时间过长时，再去看绿色的草坪就会觉得草地的颜色好暗淡。这是因为天空的颜色比较明亮，我们长时间注视，眼睛已经形成一种视觉停留，也就是眼睛已经适应这种色彩，再去看草地的时候就会带上之前天空滞留的色彩，所以就会感觉草坪颜色很暗。这就是一种所谓的连续色觉对比现象。

2. 色彩的调和构成

色彩调和与色彩对比其实有异曲同工之妙，它是指将两种或两种以上的色彩并置在一起，会使人在视觉上产生一种不一样的感觉。色彩调和分为三种，分别是主色调的调和、色彩的连续性调和以及色彩的均衡调和。无论是色彩对比还是色彩调和，最终的目的都是给人呈现一种和谐、舒适的视觉感受，它们之间既相互区别又相互影响。

（三）室内设计中色彩的调节功能

室内空间色彩调节就是对建筑物的内部空间、交通环境、可视物体设备等进行色彩搭配。在搭配过程中，设计师需要考虑室内的空间组成、要呈现的氛围、室内的装饰摆设等，除此之外，还要考虑不同色彩的物理、生理和心理性质，将其与室内空间环境融为一体，为人们创造出一个和谐、舒适的空间环境。

如在为房间进行色彩搭配时，考虑到朝南的房间能受到阳光的直射，可以将其设计为冷调，这样夏天就不会显得燥热了。而朝北的房间因为没有阳光的照射本身比较阴冷，可以将其设计为暖调，使人的视觉和心理上都感到比较温暖。同理，在有些极冷或者极热的工作环境下，为了使人们工作能够更加高效、身心相对舒适一些，常在室内设计中用这样的色彩搭配方式。例如，在一些冷藏工作环境的室内使用暖色调；而把高温锅炉、钢铁炉等炎热的室内环境设计为冷色调；在精神病院的病房里，为了使患者能在平静的色彩环境里得到安宁，宜用恬静的偏灰冷色调。但是，在各种公共娱乐场所，如舞厅、卡拉OK厅、迪斯科、酒吧等，为使人心情活跃，调动情趣，在环境色彩设计时，可设计较为强烈、令人兴奋的色彩。

（四）色彩对人的生理和心理反应

1. 冷暖感

在色彩设计中，我们把不同色相的色彩分为暖色、冷色和中性色。而且在日积月累的岁月中，人们在内心已经对某些色彩产生了定性的心理定位。如红色、黄色，让人似乎看到了太阳、火炉，给人一种温暖的感觉；而绿色、蓝色，仿佛使人见到了森林、海洋，让人感觉很凉爽。但是色彩的冷暖既有绝对性，也有相对性，它们的冷暖变化是通过各种颜色之间的对比实现的，同一色系里的颜色也有冷暖的差异。

2. 重量感

色彩重量感的产生，主要依赖于色彩的明度和彩度，明度和彩度高的颜色给人的感觉比较轻，相反明度和彩度低的颜色给人感觉重。

3. 远近感

不同色相的色彩可以产生不同的距离感，给人的空间距离感就不同。往往暖的、明度高的颜色给人一种往前凸的感觉，而冷的、明度低的颜色给人一种往后凹的感觉，这都是色彩给人的视觉带来的一种错视。室内设计中常利用色彩的这些特点去改变空间的大小和高低。高彩度色为前进色，低彩度色为后褪色。在购物环境中，其色彩尽可能采用暖性、明亮、鲜艳的色，但要注意程度及互相的协调性。在一般的室内环境设计中，顶部若使用冷色系的色，有高耸、轻快之感，使用暖色系的色有低矮、压抑之感；墙面使用暗冷色调，有深幽、宽敞之感，使用明亮暖色，有阴塞、狭窄之感。因此，正确使用色彩，可以构筑和协调室内环境的空间印象。

4. 尺度感

不同的色彩对物体的尺度也会产生影响，概括来讲，色彩对物体大小的感觉来源，主要包括色相和明度两个因素。从色相上来说，暖色相比冷色给人的感觉更加膨胀；从明度上来说，明度高的物体相对明度低的物体更容易有扩散的感觉。因此，暖色和明度高的色彩会使物体显得大。而冷色和明度低的色彩会使物体显得小。不同的明度和冷暖是通过对比显现出来的。在室内设计中，可以利用色彩来改变物体的尺度、体积和空间感，以最好的色彩搭配达到最完美的视觉效果。

5. 色彩的联想和象征性

人们借助于对色感的经验与现实环境的影响，常把色彩与事物加以联系，从而形成各种心理效果，称为色的联想。联想可以分为具体联想和抽象联想两种。

色彩的联想是以现实色彩为诱导，通过对色彩的记忆，产生回忆以往色彩的感受的一种过程。例如，人们看到红色时，就会联想到火或血，看到蓝色时就会联想到水或天空。在室内环境的空间设计中，可通过对空间形体、材料、色彩、照明等处理手法，构筑客观事物的象征性、寓意性与人的表象之间联想的桥梁。特别在精神功能要求较高的空间中，运用联想这一心理活动现象，使环境形象具有引入联想的契机，对增强环境的感染力是行之有效的。

人们经常以某种色来表示某种特定的内涵，这可以认为是色彩的象征。但是，这种内涵的定义是由人们自身的感觉而定的，这与人们的生活经验就息息相关了，不同的生活环境和生活习惯、经验等都可能对人们思考事情的方法有所影响，因而人们对色彩的感受也会有所不同。

人们对色彩的反应差异其实是与他们的心理有关的，积极的人会往好的方面想，而消极的人会往不好的方面想。例如有人会觉得红色是一种积极向上的颜色，看到它会联想到太阳，从而感到崇敬、伟大；而有的人会觉得红色太过刺眼，让人烦躁，看到它会联想到血，感到不安、野蛮等。有人看到黄绿色，联想到植物发芽生长，感觉到春天的来临，于是把它代表活力和希望；而有的人看到黄绿色会联想到树叶快要凋落，秋天快要来到，产生一种悲凉的感觉。诸如此类的例子还有很多，事物本身并没有好坏，影响人们对事物的看法的是他们的心理原因。

因此色相、色彩不同的心理特性常有相对性或多意性，在室内设计中也是如此，不同的颜色会给人不同的感觉，设计师要善于运用它积极的一面，尽量避免消极的一面。在进行选择色彩作为某种象征和含义时，应该根据具体情况具体分析，决不能随心所欲，但也不妨碍对不同色彩作一般的概括。

第二节 当代室内设计中对色彩的要求及方法

一、室内设计中对色彩的基本要求

色彩设计是室内设计的一个重要组成部分，室内整体氛围在很大程度上受色彩关系的影响。因此，在进行室内色彩设计时，应首先了解其基本要求，下面我们列举了一些和色彩设计有密切联系的问题：

（1）空间的大小、形式。色彩有冷暖之分，也有明度高低之分，不同的色彩对空间的大小和形式都有着重要的影响作用，因此，在设计时可以按不同空间的大小、形式来进一步强调或削弱色彩。

（2）空间的方位。空间方位影响室内采光，不同光线作用下的色彩是不同的，冷暖感也有差别。这时我们可以利用色彩来进行调整，以弥补空间方位的不足之处对室内色彩和冷暖效果的影响。

（3）空间的使用目的。色彩的布置还应考虑空间的不同使用目的，冷暖色调的应用应该根据想要呈现的室内气氛进行调节，如会议室、病房等为了使人心得到安静，可以使用深一些的颜色；而起居室、卧室等地方，为了使人感到温馨、舒适，可以选择较为温暖的颜色。显然在考虑色彩的要求、性格的体现、气氛的形成等方面各不相同。

（4）使用空间的人的类别。例如老人、小孩、男人、女人等，不同的人群和年龄阶段对色彩的感受和要求都是不同的，因此，在进行色彩搭配时，需要考虑人们不同的需要，从而进行不同的色彩搭配。例如老人需要安静、温暖；小孩喜欢可爱、充满童趣；男人喜欢沉着稳重；女人喜欢温馨浪漫等，设计需要迎合人们的需要，更要考虑不同人群的心理和生理特性。

（5）使用者对于色彩的偏爱。一般说来，在符合原则的前提下，应该合理地满足不同使用者的爱好和个性。

（6）使用者在空间内的活动及使用时间的长短。色彩的搭配还应根据室内空间的使用情况来决定，例如，对学习的教室、工业生产车间等人们会长期使用的空间进行色彩搭配时，主要应该考虑到不能令使用者产生视觉疲劳。

（7）该空间所处的周围情况。室内空间环境与空间所处的周围环境是密不可分的，室内空间的色彩和周围环境也会相互影响。例如室内色彩的反射可以影响其他颜色，同时，室外的自然景物通过光线也能反射到室内来，双方交相辉映，共同影响着人们的视觉感受。因此，色彩还应与周围环境取得协调。

（8）充分考虑功能要求，使设计更加科学化、艺术化。

（9）符合构图法则，即形式美法则。

（10）注意色彩与材料、照明的配合。

（11）把握色彩的地域性、民族性。

二、室内色彩的设计原则

当进行室内设计时，确定好室内的风格特征后，就要考虑色彩的搭配，用一个整体的配色方案来确定装修材料和室内物体、家具以及饰品的选择。

因此，在进行色彩选择和搭配时要遵循一定的技巧和原则，下面我们列举了一些，大家可以参考借鉴：

（1）空间主要位置配色不得超过三种，其中白色、黑色不算色。

（2）想制造明快现代的空间，多使用素色的设计。

（3）天花板的颜色必须浅于地面或墙面，也可以局部颜色深过地面、墙面，但不要面积过大。

（4）室内居住空间最佳配色搭配为：墙浅、地中、家具深。

（5）金色、银色可以与任何颜色相配衬。金色不包括黄色，银色不包括灰白色。

（6）空间非封闭的连续贯穿的空间，在功能相同的情况下，尽量使用同一配色方案，特殊功能分区可以通过造型或者颜色的变化分隔空间。

三、室内色彩的设计方法

（一）确定主调

室内色彩的设计有主调和基调之分，其中主调贯穿整个建筑空间，决定着整个空间的主题和整体气氛。对于规模较大的建筑，整个空间要表现的风格特征必须明确，因此，主调更是起着关键作用。在确定好主调的基础上，再考虑局部的、不同部位的适当变化。

主调一经确定，其他部位必须跟着主调走，例如，主调一经确定为无彩色系，设计者绝对不应再迷恋于市场上五彩缤纷的各种织物、用品、家具，而是要大胆地将黑、白、灰这三种色彩用到平常不常用该色调的物件上去。

在室内色彩设计中，首先要确定主调，这只是理论基础，真正将色彩语言应用到实际中去是很不容易的，要在许多色彩方案中，认真仔细地去鉴别和挑选。

（二）大部位色彩的统一协调

主色调确定以后，就应考虑色彩的施色部位及其比例分配。在施色时，要考虑两个方面的问题，首先，找出主色调，在施色时进行大比例渲染，突出其重要的地位。而次色调作为主色调的配合，只占小的比例。其次，我们还应该明确，并不是所有的重点渲染部分都是室内的墙壁或地面等固定的界面，有时家具装饰等也可能成为中心表达部分。例如，在室内家具较少时，周边布置家具的地面常成为视觉的焦点；而当室内空间较小时，家具等装饰品自然成为重点渲染的对象。因此，可以根据设计构思，采取不同的色彩层次或缩小层次的变化，选择和确定图底关系，突出视觉中心，如图 4-2-1 所示，表现的就是四种不同的图底关系。

（a）

（b）

（c）

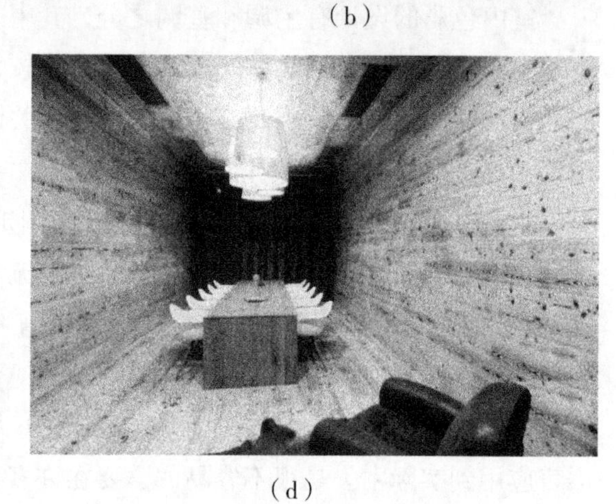

（d）

图 4-2-1　四种不同图底关系

在图 4-2-1 中，（a）为统一顶棚、地面色彩来突出墙面和家具；（b）为统一墙面、地面来突出顶棚、家具；（c）为统一顶棚、墙面来突出地面、家具；（d）为统一顶棚、地面、墙面来突出家具。

制作大部位的色彩协调，我们通常可以采用以下办法：

（1）用统一顶棚、地面、墙面、家具来突出陈设。

（2）当选材一致时，我们可以用不同的颜色来突出要表达的效果。

（3）色彩统一时，还可以采取选用材料的限定来获得。

四、内色调的分类与选择

根据色彩协调规律，室内色调可以分为下列几种：

（1）单色调。单色调指的是以一个色相作为整个室内色彩的主调。用这种色调布置室内环境给人一种宁静、安详的效果，并具有良好的空间感以及为室内的陈设提供良好的背景。虽然单色调有这些优点，但是如果在装饰品上不能突出新意，那么整个室内环境就会给人一种单调、乏味的感觉。因此，在单色调中应特别注意通过明度及彩度的变化，加强对比，并用不同的质地、图案及家具形状，来丰富整个室内。单色调中也可适当加入黑白无彩色作为必要小细节的处理，单色调的室内装饰易于对空间进行软装饰的协调统一。

（2）相似色调。相似色调相对于单色调，使室内色彩丰富了一些，它是最容易运用的一种色彩方案，也是目前最大众化和深受人们喜爱的一种色调。这种方案的特点是只用两三种在色环上互相接近的颜色，给人感觉十分和谐、温馨，同时也不会太过花哨。

（3）互补色调。互补色调也称对比色调，与前两种色彩设计方法不同，互补色调是运用色环上的相对位置的色彩，如蓝与橙、红与绿、黄与紫，其中一个为原色，另一个为二次色。对比色在室内空间中运用起来会生动而鲜亮，能够很快引起人们的注意并使人们对其产生兴趣，形成鲜明对比与和谐的色彩效果。但是对比色调并不是任意两种相对的颜色都可以搭配，在进行色彩选择时，要选出主色调，始终占支配地位，使另一色保持原有的吸引力，否则过强的对比会让人有不舒服的感觉。为了减弱这种对比度，可采用对明度的变化而加以“软化”，减低其彩度，使其变灰而获得平静的效果。互补色调的使用有一个不足之处，采用互补的冷暖两种颜色在视觉上容易给人一种房间体积变小的感觉，小户型家居不建议使用互补色。互补色调又可以分为两种类型，即分离互补色调和双重互补色调：

①分离互补色调采用对比色中一色的相邻两色，可以组成三个颜色的对比色调，这样就弥补了互补色调中两种颜色争相表现自己的不足。

②双重互补色调就是将两组对比色同时运用，这种配色方法的优点是可以使房间色彩达到多样化的效果，对大面积的房间来说，为增加其色彩变化，是一个很好的选择。但是对小房间来说，它有一个缺点，就是容易使房间看起来比较混乱。因此，在对双重互补色调进行使用时要注意两种颜色的对比中应有主次、对小房间说来更应把其中之一作为重点处理。

（4）三色对比色调。在色环上形成三角形的 3 个颜色组成三色对比色调，如常用的红、黄、蓝三原色。如果我们将其进行些许的改变，就可以打造出完全不同的另一种效果。例如，我们可以将黄色软化成金色，红的加深成紫红色，蓝的加深成靛蓝色，这种色彩的组合可以在优雅的房间中布置贵重色调的东方地毯。可见，不同的颜色经过调整，就可以达到不一样的效果，在室内设计中，这也是常用的一种调色方式。

（5）无彩色调。由黑、灰、白色组成的无彩系，是一种十分高级的色调，能高度吸引人的注意力。一般商业或是其他用途的高档建筑都会采用这种无彩色调，来衬托它们的高端华贵。其次，采用黑、灰、白无彩系色调，对突出表现周围的环境也是极其有利的。因此，在优美的风景区以及繁华的商业区，高明的建筑师和室内设计师都是极力反对过分地装饰或精心制作饰面，因为这种低调的建筑物色彩有利于人们把关注点集中于景色之中，而太过注重建筑物的色彩装饰只会有损于景色。在室内设计中，粉白色、米色、灰白色以及每种高明度色相，均可认为是无彩色，完全由无彩色建立的色彩系统，非常平静。但由于黑与白的强烈对比，在使用时一定要注意用量要适度。

单用黑白色调会使环境看起来比较单调冷清，如果可以在黑白系统中加进一种或几种纯度较高的色相，如黄、绿、青绿或红，使之与黑白色调中和，会使整体环境气氛看起来更加明亮温暖。但是，我们需要明确的是无彩色始终是占支配地位，彩色只起到点缀作用。这种色调，色彩丰富而不紊乱，彩色面积虽小而重点更为突出，在实践中被广泛运用。

五、室内色彩计划

室内色彩计划可分为以下三个部分的内容：

（1）背景色彩。指天花板、墙壁、门窗和地板等室内大面积色彩。这部分色彩宜采用彩度较弱的沉静色，以利于充分发挥其背景色彩的烘托作用。

（2）主体色彩。指家具等陈设物品的中面积色彩。它往往是室内的主要色彩，宜采用较为强烈的色彩。

（3）强调色彩。指摆设品、装饰品部分的小面积色彩。它往往采用最为突出强烈的色彩，充分发挥其点缀和强调作用。

背景色、主体色、强调色三者之间看似独立，其实有着千丝万缕的联系，位于同一环境内，它们的色彩设计关系到整个空间的色彩呈现效果。如果机械地理解和处理，必然变得千篇一律，单调乏味。因此，在设计过程中，设计师既要明确它们之间的图底关系、层次关系和视觉中心，又不能过于刻板、僵化，这样才能达到丰富多彩的效果。要达到这一效果，就需要用到下列三个方法：

（1）色彩的重复或呼应。室内的色彩设计是有一定的规律的，如果我们不顾各个部位的色彩呼应，只是一味地将窗帘、床单、沙发、地毯布置成各种颜色，那么整个环境给人的感觉就像是一个大染坊，各种各样的颜色都有，五彩缤纷，眼花缭乱。但是，如果我们把同一色彩用到关键性的几个部位上去呢？例如，在家具、窗帘、地毯上用相同的色彩，使其他色彩居于次要的、不明显的地位。这样就奠定了整个环境的色彩基础，使其成为控制整个室内的关键色。同时，确定了主体色调以后，室内的家具等摆设的颜色还要互相呼应，才能取得视觉上的联系，唤起视觉的运动。

（2）布置成有节奏的连续。色彩的有规律布置，容易引起视觉上的运动，称为色彩韵律感。要引起色彩的韵律感，一些细节上的连续就可以实现。当然，要想连续，最好是在位置比较靠近的地方。例如，当在一组沙发、一块地毯、一个靠垫、一幅画或一簇花上都有相同的色块时，室内的色彩就会明显地形成一个有节奏的连续，从而使室内空间物与物之间的关系，像“一家人”一样取得联系，显得更有内聚力。

（3）用强烈对比。色彩的对比方式有很多，无论是色相上的对比、明度的对比、清色与浊色对比还是彩色与非彩色对比等都是室内设计中常用的对比方法，目的都是使室内环境更加协调统一。

本章总结

色彩本身就是一门学科，有着很强的理论性。在当代室内设计当中，色彩的搭配和运用决定着使用者和居住者能否获得良好的视觉效果。由于色彩的理论性，本章首先向读者介绍了色彩研究当中的各项原理以及从情感角度来讲带给人们的感受，随后对室内设计的要求和原则等基础知识进行研究，并使读者了解到室内设计中色彩的搭配和协调的方法。

第五章　当代室内设计中的光线要素研究

在进行室内设计时，没有光线，就体现不出效果。如果一套优秀的设计因为某种因素使得室内光线效果不理想，那么哪怕设计者有再好的构思，同样也会因为光线因素而黯然失色。在当代室内设计中，光线主要来源于室内采光和照明。本章将就这部分内容进行深入研究。

第一节　当代室内设计中采光与照明的基本理论

一、采光照明的基本概念

光是以电磁波的形式传播的，能被人眼感知到的电磁波也就是人们视觉能看到的光。光可分解成红光、橙光、黄光、绿光、青光、蓝光、紫光等基本单色光。

在室内设计中探讨的光均为可见光，人们设计不同的光源来满足不同的功能、营造不同的氛围。不论是自然光还是灯光照明，对它们的利用使光改变了我们的生活，时时刻刻在为我们提供舒适的室内环境氛围，方便和满足我们日常生活所需。

当光投射到物体上时，会发生反射、折射等现象，人们所看到的各种物体，由于物质本身属性的不同，所以其对光线的吸收和反射能力也不同。实际上我们看到的物体色是受光体反射回来的光线，并刺激视神经而引起的感觉。例如，物体的红色，是吸收了光源中的一些单色光，反射出红色光产生的。不同的光对人产生的视觉效应也不相同。注重不同的视觉效应，会给人们的设计带来不一样的效果。

光在我们每个人的生活中都是必不可少的。人对室内空间色彩、质感、空间、构造细节的感受，主要依赖于视觉来完成，就人的视觉来说，没有光也就等于没有一切，如果我们的视线无法看见任何东西，那它们的存在也就没有必要了。也就是说一切事物离开光都无从说起。在室内设计中，光不仅能满足人们视觉功能的需要，而且还可以给居住者以美的享受。光能直接影响到人对物体大小、形状、质地和色彩的感知，它不仅能形成空间、改变空间而且还能破坏空间。因此，室内照明是室内设计的重要组成部分之一，在设计之初就应该考虑清楚室内设计照明使用和审美需求。

照明使建筑空间在夜晚中获得了新生，同时为空间艺术的表现增添了无限的想象。人们对照明的依赖是不言而喻的，然而人工照明的合理与否便是一个专业性的问题，这里包括照度值、光源亮度及灯具选配等都是具有技术性的设计要旨。因而我们对照明的技术性应有充分的认识，它能保障室内环境拥有一个良好的氛围，同时又是室内设计创作构思的一个重要内容。为此，我们对照明的专业术语和概念的学习是一个开端，也是需要掌握的一项知识。

人在不同照度条件下，具有不同的视觉能力，人的视觉器官不仅具有光亮感，还具有颜色感，它能反映光的强度和光波长的特点。受光的辐射或反射作用的影响，人们能够感觉到客观事物的各种不同色彩，从而从外界事物获取信息，产生多种作用和效果。光辐射不仅在人们生活中，而且在环境照明中也具有重要的意义。

环境照明设计的任务，就是借助不同的光的性质和特点，一般包括自然光和器具照明的光，利用它们不同的光线特点营造出不同的环境氛围。这种氛围不仅要满足人们的生理需求，更要符合人们的心理需求，使人们置身其中能产生一种舒适的感觉。

说到环境照明设计的任务，在当代室内设计中，各种照明器具和方式不仅仅起着室内照明的作用，还具有装饰空间的作用。一方面，室内光照创造环境空间的形和色，借助各种光效应而产生美的韵律；另一方面，灯具本身的造型及排列方式等也会对空间起着点缀和强化艺术效果的作用，体现了光的装饰表现力。

二、采光照明的基本元素

（一）照度

照度是表示被光照的某一面上单位面积内所接收的光通量，其单位为勒克斯（lx）。其中光通量是指衡量光源的发光效率的一个物理量，它的单位是流明（lm）。照度越高，越容易看清物体，提高照度可以使用大功率光、增加灯具数量、利用直射光等。但是照度也是有一定的范围要求的，如果照度超过一定值反而难以看清物体，增加视觉疲劳，引起不舒适的感觉。因此，空间不是越亮越好，要根据空间的需要来选择灯具，不同的空间适用的灯具的功率不同，只有选择合适的功率的灯具才能使空间达到充足的亮度。拿普通的荧光灯光源举例，一般每平方米按 3 ～ 5W 功率来配置，白炽灯按每平方米 15 ～ 25W 功率配置。在 40W 的白炽灯下 1m 处的照度为 30lx，阴天午后室外照度为 8000 ～ 20000lx，晴天午后阳光在室外的照度可达 80000 ～ 120000lx。同时还要注意控制照度的分布和对比关系，最简单的方法是调整从光源发出的光量。在照度计算时要考虑到视觉功效，视觉的满意程度及照明成本控制的因素，在一定照度水平内，随着照度的提高，视觉功效也提高，因此，要获得一个高效的工作环境，首先要保证有足够的照度。其次，照度的均匀度也会影响环境的氛围，当然，照度并不是越均匀越好，适当的照度变化，能够形成比较活跃的照明，对空间氛围的营造具有重要的作用。

（二）亮度

亮度与照度的概念不同，亮度是视觉主观的判断和感受，它是被照面的单位面积所反射出来的光通量，也称发光度。因此，物体的亮度并不是光照的强度能够决定的，影响物体的亮度在人眼中的效果的因素还有很多，例如，被照物体的表面反射率，一般来说，浅颜色的物体比深色的物体反光效果要强一些。再例如照度、物体的材料类型等这些被照物体的特质也跟它们被照之后所呈现的结果有关。此外，人眼的特性与人们对亮度的判断也有着直接的联系，人的视觉、注视的时间长度等都会对其产生相关的影响。

（三）物体与背景间的亮度变化

室内设计师一般都有美术功底，也都有一定的素描和色彩功底，我们在进行素描静物和色彩景物写生的时候，都清楚地知道，物体主要是靠与后面衬布有一定的明度、冷暖等对比出来的，只有两者在亮度或色彩上存在差异时，人的眼睛才能将他们分辨出来。室内环境设计亦是如此，任何物体都是依赖与其背景之间的对比而显现出来的。物体与背景间对比越大，人眼的这种分辨能力也越强。降低物象与背景之间的亮度对比，人眼的分辨能力就弱了，要想使眼睛达到同样的分辨力，就得增加物体表面的强度。

（四）环境亮度的均匀程度

环境亮度的均匀程度在室内照明中也是很重要的一个因素，只有亮度均匀，人眼才能觉得舒适，否则对比太明显的环境亮度会造成人们视觉的疲劳。很简单的道理，人眼在突然的明暗光线之间转换会产生不舒适的感觉，这是因为强烈的光线对比使人眼一时不能适应。在室内照明设计中，设计师应该考虑到这一点，室内的照明应该达到合理的亮度，这个亮度的标准是需要使人眼感到舒适。否则太亮的光线会使人们突然进入室内后被迫做频繁的眼部调节，造成视力疲劳，如果光线太暗，也是同样的道理。在设计时要根据不同的照明要求，选择与环境相一致的灯具，力求达到室内空间照明的最佳效果。

（五）光色

光源的颜色常表现为一种色温的概念，当一个物体被加热到不同温度时所释放出光的多少取决于辐射物体的色温，这就是光色，单位为开尔文（K）。色温能够恰当地表示热辐射光源的颜色，因而光色将影响室内的氛围。一般色温小于 3300K 为暖，如白炽灯和卤钨灯的色温在 2850K 左右，属于低色温，适用于客房、卧室等房间；色温在 3300K 到 5500K 之间时为中间色温，如三基色荧光灯管的色温可分为暖白色（3200K）和标准色（5000K），属于中色温，适用于办公室、图书馆等场所；色温大于 5300K 为冷，如荧光高压汞灯的色温可达到 6000K 左右，属于高色温，适用于道路、广场和仓库等。光源的色温还应与照度相适应，照度增高，色温也相应要提高。否则，在低色温、高照度下，会使人感到发热。反之，会有一种阴森感，并且光源颜色的选择宜与室内表面的配色相互协调。

（六）显色性

所谓显色性，指的是被光源照射后，物体显现颜色的逼真程度。显色性用显色指数 Ra 表示，Ra 最大值为 100，Ra 值在 80 以上说明显色性优良，在 50~79 说明显色性一般，Ra 值在 50 以下显色性差。一般来说，在不同的光源照射下，物体显现的颜色是不同的，显色性好的光源对颜色本色体现得较好，颜色接近物体本色，反之，显色性差的光源对颜色的本色体现得较差，颜色偏差较大。日光就是最好的显色性光源，一个颜色样品在日光下显现的颜色是最准确的。用其他光源，如白炽灯、荧光灯等与日光相比，我们会发现物体在它们的照射下已经变了颜色，如粉色变成了紫色，蓝色变成了蓝紫色。通过研究由几个特定波长色光组成的混合光源有很好的显色效果，如三基色荧光灯的发光颜色组成主要是红色光（波长为610nm）、绿色光（波长540nm）、蓝色光（波长为430nm）这三种波长的基本色，具有良好的显色性，用这样的白光去照明物体，都能得到很好的显色效果。

（七）眩光的程度

当物体表面的亮度过高，或者物体与背景之间的亮度对比过大时，就会使人产生刺目的感觉，这种情况称为眩光。例如，人在夜晚开着车灯行驶，强烈的灯光和黑夜对比就会显得非常刺眼。而在白天，由于对比不明显，车灯的光线就会非常微弱。一般来说，在设计当中要尽量避免眩光的产生。在一般民用建筑中，轻微的眩光不会造成太大妨碍，但某些特殊的建筑物中眩光却必须予以消除，如展览馆、博物馆等。如果在这种场合光线太强，就会产生眩光，人们就很难看清展览物品或文物。消除眩光我们有以下两种方法:

（1）控制物体表面的亮度是消除眩光的根本途径。如选择表面亮度较低的灯具，或利用光学材料来扩大光源的表面积。

（2）改变光线的传播方式，也能够达到消除眩光的目的。眩光之所以会影响人的视线，与光源和眼睛间的夹角有关。因此，为了消除眩光，我们可以改变光源与人眼之间的夹角，使光线不直接射入人的眼睛。

（八）材料的光学性质

入射光通量包括三方面的内容，即反射光、入射光和透射光。当光遇到物体后，某些光线被反射，称为反射光；光被物体吸收看不见，却转化为热能，使物体温度上升，并把热量辐射至室内外，这种称为入射光；还有一些光可以透过物体，称为透射光。

设入射光通量为 F，反射光通量为 F_1，透射光通量为 F_2，则它们的关系可以用如下公式来表示：

反射率 $\rho=F_1/F$

透射率 $\tau=F_2/F$

吸收率 $\alpha=(F-F_1-F_2)/F$

即有

$\alpha+\tau+\rho=1$

入射光通量、反射光通量与投射光通量之间会产生这样的关系与材料的光学性质是分不开的，它们之间的关系大致可以分为以下三类：

（1）材料表面的特性与光通量之间的关系：如果物体表面是光滑的，光射到上面所产生的反射角会等同于入射角，光线处于同一平面；当物体表面粗糙时，光线会产生多角度的非定向的反射，形成漫射光。

（2）材料的透明度与光通量的关系：透明的材料会使光线产生透射，形成透射光通量。

（3）材料表面的平行与否与光通量的关系：材料两表面平行，透过的光线平行，否则就不平行。

第二节　当代室内设计中的采光与照明设计

一、当代室内采光设计

（一）采光的类型和部位

1. 采光的类型

（1）自然采光

自然采光指的就是通过设计师对室内窗户的设计使阳光进入室内的采光方法。我们对房间采光的设计，即窗户、天窗的尺寸、位置和朝向影响着阳光在房间的表面、形体内部空间的视觉效果，因此，在对窗户进行设计时一定要经过精确的计算和严格的把关。阳光的明度是相对稳定的，它的方位也是可以预知的，阳光通过我们在墙面设置的窗户或者屋顶的天窗进入室内，令物体表面色彩增辉，质感明朗，使得我们可以清楚明确地识别物体的形状和色彩。

但是阳光也有一个不确定的地方，因为太阳不可能一直保持同一个位置、同一个光照强度，所以太阳的朝升夕落会带来光影的变化，使房间内的空间活跃且富于变化。阳光的强度在房间里不同角度形成均匀的扩散，使物体呈现的效果也各不相同。因而在具体设计中，我们必须针对具体情况进行调整和改进。

我们的生活离不开光照，虽然有很多形形色色的灯光或是其他人造光，但是自然光始终是最适合人类活动的光线，同时又是最直接、最方便的光源，因而自然光的摄取成为建筑采光的首要课题。

在环境设计中，天然光的利用称作采光，而利用现代的光照明技术手段来达到我们目的的称为照明。室内一般以照明为主，但自然采光也是必不可少的。利用自然光是一种节约能源和保护环境的重要手段，而且自然光更符合人心理和生理的需要，从长远的角度看还可以保障人体的健康。自然光的采取必然要经过窗户，室内开窗不仅可以将适当的昼光引进到室内照明，还能让人透过窗子看到窗外的景物，为人的身心舒适提供了一个重要的条件，而且更有利于人的工作效率的提高，真是一举多得。同时，充分利用自然光更能满足人接近自然、与自然交流的心理需要。另外，多变的自然光又是表现建筑艺术造型、材料质感，渲染室内环境的重要手段。

所以，无论从环境的实用性还是美观的角度，都要求设计师对昼光进行充分的利用，掌握设计天然光的知识和技巧。这不仅是符合人类身心健康的一个至关重要的部分，也将是未来室内设计发展的一个趋势。

（2）人工采光

虽然自然光是人们能够利用的最直接、最方便的光源，但是我们对太阳光的利用却是有限的，在太阳落山之后，我们就需要运用人工的方法来获得光明，在获得这个光明的过程中，人类做出的努力，要远比直接摄取太阳光付出的代价大得多。从在自然中获取火种，到钻木取火、发明火石和火柴，直到能获得电源，这段历程可谓漫长而曲折，最终，电给人类带来了持久稳定的光明。而且在现在这个社会，电力已经成为人们生活中必不可少的一部分。因此，在当代室内环境设计过程中，人工采光的应用也是非常重要的一个内容。

人工采光就是通过人工方法得到光源，即通过照明达到改善或增加照度提高照明质量的目的。人工采光可用在任何需要增强改善照明环境的地方，从而达到各种功能上和气氛上的要求。

根据不同时间、地点，不同的活动性质及环境视觉条件，确定照度标准。

这些照度标准，是长期实践和实验得到的科学数据。下面我们就列举了四种最常用的照度标准，可以为人工采光提供参考：

①光的分布。主照明面的亮度可能是形成室内气氛的焦点，因而要予以强调和突出。工作面的照明、亮度要符合用眼卫生要求，还要与周围相协调，不能有过大的对比。同时要考虑到主体与背景之间的亮度与色度的比值，一般可分为以下四个方面。

A. 工作对象与周围之间的比为 3∶1。

B. 工作对象与离开它的表面之间的比为 5∶1。

C. 照明器具或窗与其附近的比为 10∶1。

D. 在普通视野内的比为 30∶1。

②光的方向性与扩散性。一般需要表现有明显阴影和光泽要求的物体的照明，应选择有指示性的光源，而为了得到无阴影的照明，则要选择扩散性的光源，如主灯照明。

③避免眩光现象。产生眩光的可能性很多，比如眼睛长时间处于暗处时，越看亮处越容易感到眩光现象，这种情况多出现在比赛场馆中，改善办法就是加亮观众席。在视线为中心 30° 角的范围内是一个眩光区，视线离光源越近，眩光越严重。光源面积越大，眩光越显著。如果发生眩光，可采用以下几种方法降低眩光的程度。

A. 使光源位置避开高亮光进入视线的高度。

B. 使照明器具与人的距离拉远。

C. 在墙面或地面选用反射值低的装饰材料，降低反射率。

④光色效果及心理反应。不同的场所对光源的要求有所不同，处于不同的环境人的心理感受也有很大的差异。因而具体情况具体分析，在选择照明工具时，要充分考虑到不同照明工具将会产生的光色效果以及它们会给人带来的心理反应，从而达到不同功能环境中满意的照明效果。

2. 光源类型

与采光相同，光源也可以分为两种类型，即自然光源和人工光源。这里我们主要讨论一下人工光源的分类，下面我们列举了几种常见的光源，有白炽灯、荧光灯、氖管灯和高压放电灯，接下来我们一起就它们各自的优缺点进行分析讨论。

（1）白炽灯

白炽灯的使用历史悠久，自从爱迪生时代起，白炽灯基本上保留同样的构造，为了达到不同的效果，在设计时可以通过增加玻璃罩、漫射罩以及反射板、透镜和滤光镜等去进一步控制光。

为了打造不同的照明效果，白炽灯可用不同的装潢和外罩制成，一些采用晶亮光滑的玻璃，另一些采用喷砂或酸蚀消光，或用硅石粉末涂在灯泡内壁，使光更柔和。不仅如此，要改变白炽灯的色彩，使其更具装饰效果，也可以运用色彩涂层，如珐琅质涂层、塑料涂层及其他油漆涂层。

白炽灯的种类繁多，除了上述两种比较常见的种类之外，还有一种白炽灯为水晶灯或碘灯，它是一种卤钨灯，特点是体积小、寿命长。卤钨灯与一般灯光不一样，它的光线中都含有紫外线和红外线，因此受到它长期照射的物体都会褪色或变质，这样的灯是不可以用于家庭照明的。

（2）荧光灯

荧光灯是一种低压放电灯，灯管内是荧光粉涂层，它的优点是能把紫外线转变为可见光，并且有多种颜色之分，有冷白色、暖白色、Deluxe 冷白色、Deluxe 暖白色和增强光等。之所以会有这些颜色的变幻，与灯管内荧光粉的涂层方式有关。另外，荧光灯可以产生均匀的散射光，发光效率为白炽灯的 1000 倍，其寿命为白炽灯的 10~15 倍，因此荧光灯不仅节约电，而且可节省更换费用。

（3）氖管灯

氖管灯也叫霓虹灯，以前多用于商业标志和艺术照明，现在在建筑设计和室内设计中也会经常用到。霓虹灯之所以色彩变幻多样，是在管内的荧光粉涂层和各种混合气体的影响下形成的。霓虹灯和所有放电灯一样，必须有镇流器能控制的电压。霓虹灯虽然持久耐用，但是相当费电，所以一般不会用于家庭照明，都是作为装饰性照明使用。

（4）高压放电灯

高压放电灯内部是由汞蒸气、高压钠等多种混合气体组成，为了使其形成各种颜色，还可以在其内壁上用化学混合物涂上荧光粉涂层。这种灯至今一直用于工业和街道照明。因为内部所充气体不同，各种高压放电灯所呈现的颜色时有变化，例如高压水银灯冷时趋于蓝色，高压钠灯带黄色，多蒸气混合灯冷时带绿色。高压灯的优点是能产生很大的光和发生很小的热，并且比日光灯寿命长很多。

（二）室内采光的方式

1. 顶部采光

建筑顶部采光自古有之，其光线效果呈漫射状，均匀柔和，室内不会出现阴影死角。在现代建筑中，顶部采光越来越流行，表现形式丰富多样，其产生的光影效果具有调节室内气氛的作用。特别是在顶部采光窗上安装了百叶窗帘系统，自然光的漫射性被人为控制，随着百叶窗帘的变动，室内光效也发生了变化，生动且自然，并且是一种光的设计与组织。然而，顶部采光的技术性比较高，尤其是大面积采光，需要一种结构的支撑，因而顶部的分格及龙骨的构架组织是顶部采光的重要设计内容。各种各样的顶部分格形成了各具特色的顶部采光形式，也给建筑的第五立面带来了表现的生机，室内空间的光环境也因此变得丰富多彩。特别是一些大厅、中庭和共享空间等，大多使用了玻璃采光顶，为室内空间环境的创造迎来了更多的表现机会。如图 5-2-1 所示，展现的就是顶部采光的一种建筑形式。

图 5-2-1　顶部采光

2. 侧向采光

建筑之所以成为实用的容器，就在于“凿户牖以为室”的原理，因而开窗就成了建筑的一个重要主题。窗户的形式在建筑立面中形成了二维的构图关系，其作用使建筑内部赢得了光线，成为室内空间与外部的过滤界面，同时也可以是取景框，还可以是人与景交流活动的一个载体。因此，侧向采光是建筑最为常规的开窗方式之一，其优点是可以在建筑良好的朝向面上开启窗户，形式及方法自由而多样，且实用便利，能够与户外取得最直接的联系。

不过，窗户的形式及定位仍然是一个重要方面，其中既要兼顾与建筑立面形式完整统一，又要考虑人们在室内往外看的效果，那么室内窗台的高度就是一个可关注的设计因素。这里不仅仅是影响视觉感的问题，而且还关系到安全性，比如低窗台视野宽阔、舒适，但安全性需要考虑，为此在建筑设计规范中对窗台高度就有过专门的条款和要求。另外，侧向采光的窗口不能只理解为一个单纯的洞口，其实它是一种造型语言，应该有其丰富的表现形式和变化。在满足房间光照、明朗而富有生气的同时，考虑窗口形式及比例关系，包括窗扇、窗棂疏与密的关系等，这些都将会在室内产生不同的光影效果，形成有魅力的光的表现。如图 5-2-2 所示，展示的就是一幅侧向采光的景象。

图 5-2-2　侧向采光

3. 高侧采光

高侧光是侧向采光的一种，其优点在于室内光线比较均匀，可以有效地控制与组织室内自然光的效果，留出大面的墙体用来布置家具、壁饰及墙上陈设品等。因此，高侧窗是设计构思的一个亮点，它会形成与众不同的光照效果。但是，这种采光方式也有缺点，它从视觉上看并不会让人感到舒适，所以只有当需要利用实墙面布置什么，或者室外场景不理想或设计有特殊要求的房间时，才会采用这种采光方式。如图 5-2-3 所示，展现的就是一种高侧采光的建筑形式。

图 5-2-3　高侧采光

二、当代室内照明设计

（一）照明的作用

1. 揭示作用

照明有各种不同的揭示作用，下面我们分成三点来讨论：

（1）对色彩的揭示。灯光可以忠实地反映材料色彩，也可以强调、夸张或削弱甚至改变某一种色彩的本来面目。舞台上对人物和环境的色彩变化，往往不是去更换衣装或景物的色彩，而是用各种不同色彩的灯光进行照射，以变换色彩，适应气氛的需要。

（2）对材料质感的揭示。通过对材料表面采用不同方向的灯光投射，可以不同程度地强调或削弱材料的质感。如用白炽灯从一定角度、方向照射，可以充分表现物体的质感，而用荧光或面光源照射则会减弱物体的质感。

（3）对展品体积感的揭示。调整灯光投射的方向，造成正面光或侧面光，有阴影或无阴影，对于表现一个物体的体积也是至关重要的。在橱窗的设计中，设计师常用这一手段来表现展品的体积感。

2. 调节作用

室内空间是由界面围合而成的，人对空间的感受可能会受到各种因素的影响，如各界面的形状、色彩、比例、质感等。因而人的空间感与客观的空间有着一定的区别。

照明在空间的塑造中起着相当大的作用，人们可以通过灯光设计来丰富和改善空间的效果，以弥补存在的缺陷；运用人工光的抑扬、隐现、虚实、动静等可以控制投光角度与范围，以建立光的构图、秩序、节奏等手法，可以改善空间的比例，增加空间的层次。

不仅如此，照明还可以调节人们对空间的感受。具体表现为以下几点：

（1）空间的顶界面过高或过低，可以通过选用吊灯或吸顶灯来进行调整，改变视觉的感受。

（2）顶界面过于单调平淡，我们也可以在灯具的布置上合理安排，丰富层次。

（3）顶面与墙面的衔接太生硬，同样可以用灯具来调整，以柔和交接线。

（4）界面不合适的比例，也可以用灯光的分散、组合、强调、减弱等手法，改变视觉印象。

（5）用灯光还可以突出或者削弱某个地方。在现代的舞台上，人们常用发光舞台来强调、突出舞台，起到强调视觉中心的作用。

灯光的调节并不限于对界面的作用，对整个空间同样有着相当的调节作用。所以，灯光的布置并不仅仅是提供光照的用途，而且照明方式、灯具种类、光的颜色还可以影响空间感。如直接照明，灯光较强，可以给人明亮、紧凑的感觉。相反，间接照明，光线柔和，光线经墙、顶等反射回来，容易使空间开阔。暗设的反光灯槽和反光墙面可造成漫射性质的光线，使空间具有无限的感觉。因此。通过对照明方式的选择和使用不同的灯具等方法，可以有效地调整空间和空间感。

3. 空间的再创造

灯光环境的布置可以直接或间接地作用于空间，用联系、围合、分隔等手段，以形成空间的层次感或限定空间的区域。两个空间的连接、过渡，我们可以用灯光完成。一个系列空间，同样可以由灯光的合理安排，来把整个系列空间联系在一起。用灯光照明的手段来围合或分隔空间，不像用隔墙、家具等可以有一个比较实的界限范围。照明的方式是依靠光的强弱来造成区域差别的，以在空间实质性的区域内再创造空间。围合与分隔是相对的概念，在一个实体空间内产生了无数个相对独立的空间区域，实际上也就等于将空间分隔开来了。用灯光创造空间内的空间这种手法，在舞厅、餐厅、咖啡厅、宾馆的大堂等这样的空间内的使用是相当普遍的。

4. 特殊作用

在空间设计中，灯除了提供光照，改善空间等需要的照明外，还有一些特殊的地方需要照明。例如，紧急通道指示、安全指示、出入口指示等，这些也是设计中必须注意的方面。

（二）照明的方式

1. 直接照明

所谓直接照明，是指光线通过灯具射出，90%以上的光通量都能分布到作业工作面上。此种照明方式具有强烈的明暗对比，并能造成有趣生动的光影效果，可突出工作面在整个环境中的主导地位，常用在工厂、办公室等空间。但是这种照明方式也有一个弊端，因为其亮度较高，难免会出现眩光，此时可以通过增加灯罩等方法防止眩光的产生。

2. 间接照明

与直接照明方式不同，间接照明方式不是令光源直接照射到物体表面，而是将光源遮蔽，令其产生间接光。这种照明方式中 90% ~ 100%的光通量通过天棚或墙面反射最后也会作用于工作面，10%以下的光线则直接照射工作面。如图 5-2-4（a）所示，展示的就是间接照明方式的光源分布情况，遇到这种情况通常有以下两种处理方法：

（1）借用第二介质。将不透明的灯罩装在灯泡的下部，光线会通过灯罩反射到这个第二介质上，从而形成间接光线再照射到工作面；

（2）把灯泡设在灯槽内，光线从平顶反射到室内成间接光线。

3. 半直接照明

半直接照明是60%左右的光线直接照射到被照物体上，其余的光通过漫射或扩散的方式完成。如图5-2-4（b）所示，展示的就是直接照明方式的光源分布情况。要想达到板直接照明的效果，可以在灯具外面加设羽板，或用半透明的玻璃、塑料、纸等做伞形灯罩等。半直接照明的特点是光线不刺眼，这也是它的优点，因此，常用于商场、办公室顶部，也用于客房和卧室。

4. 半间接照明

半间接照明是60%以上的光线先照到墙和顶上，只有少量的光线直接射到被照物上。如图5-2-4（c）所示，展示的就是半间接照明方式的光源分布情况，半间接照明的特点和方式与半直接照明有类似之处，只是在直接与间接光的量上有所不同。

5. 反射照明

反射照明是光线先投射到界面，然后再反射到被照射的物体上的一种照明方式。反射光是利用光亮的镀银反射罩做定向照明，使光线受下部不透明或半透明的灯罩的阻挡，全部或部分反射到天棚和墙面。它的特点是光线柔和，没有较强的阴影，不容易出现眩光，使视觉感觉很舒服，适合安静雅致的室内空间。

6. 漫射照明

漫射照明指的是光向四周漫射，形成泛光的效果，它可以分为两种形式，一种是光源明露式，另一种是带罩式。室内光环境柔和，维护简便，但实际应用在逐渐减少，其主要原因是光源明露可能会形成一定的眩光，带罩式灯具的灯罩板透光率较低。特别是对于一些作业场地及要求光线高的工作、学习场所不宜选用此类照明方式。如图5-2-4（d）所示，展示的就是漫射照明方式的光源分布情况。

7. 应急照明

应急照明包括疏散照明和备用照明，是正常照明故障时所使用的照明方式。这种照明要在应急状态时确保疏散标志的可识别，并能够按照指示方向安全地疏散。所以，灯具装置必须要考虑上述特性并符合相关专业的要求和条款的规定，安全性是最为重要的。

8. 宽光束的直接照明

这种照明方式具有强烈的明暗对比，光线直射于目的物，可造成有趣生动的阴影。鹅颈灯和导轨式照明属于这一类。如图 5-2-4（e）所示，展示的就是宽光束的直接照明方式的光源分布情况。

9. 高集光束的下射直接照明

因高度集中的光束而形成光焦点，可用于突出光的效果和强调重点的作用，它可提供在墙上或其他垂直面上充足的照度，但应防止过高的亮度比。如图 5-2-4（f）所示，展示的就是高集光束的下射直接照明方式的光源分布情况。

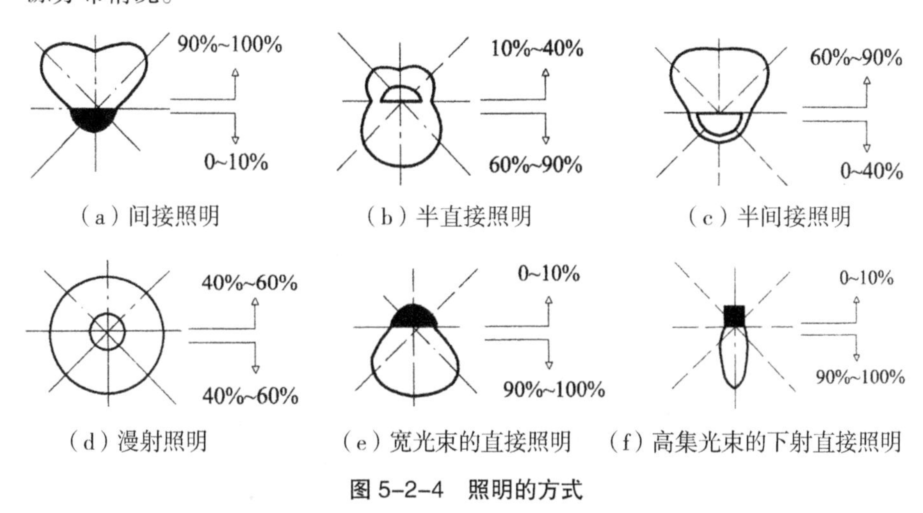

图 5-2-4　照明的方式

照明的方式除了以上我们所列的这些，还有很多其他照明形式的补充，想要了解的读者可以自行参阅相关文献资料。

（三）照明的布局形式

照明的布局形式从大的方面讲，一般可分为以下四个种类：

1. 基础照明

基础照明，也称为一般照明或者主照明，是指大空间内采用均匀的固定灯具照明，给室内提供最基本的照度，并形成一种格调，不考虑特殊部位的需要，以照亮整个场地而设计的照明。除注意水平面的照度外，更多考虑的是垂直面的亮度，一般选用比较均匀、全面性的照明灯具。如图 5-2-5 所示，向我们展现了基础照明情景下的室内景象。

图 5-2-5　基础照明

2. 重点照明

重点照明也称辅助照明，主要是指对某些需要突出的区域和对象进行重点投光，使这些区域的光照度大于其他区域，起到使其醒目的作用。如商场的货架、商品橱窗，为了强调商品、模特等，常会配以重点投光。除此之外，还有室内的某些重要区域或物体都需要做重点照明处理，如室内的雕塑、绘画等陈设品，以及酒吧的吧台等等。如图 5-2-6 所示，就是重点照明的一种情景。重点照明在多数情况下是与基础照明结合运用的。

图 5-2-6　重点照明

3. 装饰照明

照明具有刺激和影响人的情绪、调节室内氛围和塑造个性之功效。室内空间的艺术表现离不开照明的手段，特别是装饰性照明更是烘托空间环境的主要方法。装饰性照明比一般的照明方式更吸引人，它们一般具有独特的外观或缤纷的色彩，无论是在何处，夜晚的照明都会给人带来无限的欣慰和精神的鼓舞。当你走进宾馆的大厅或餐厅，会被那些绚丽的灯光所吸引，不管是那些豪华的灯具，还是变化丰富的装饰照明，都体现了一种设计意图和场所的个性表现。即便就是在家里，装饰照明也会为你创造温馨而舒适的环境，一种由照明创意带来的轻松感油然而生，从而使人的整个心情得到了放松。

装饰性照明关注人的心理情绪的调节，通过灯光的组织和变化来创造一种理想的室内环境。照明的方式应注重创意和恰当的表现，其中重要的特性在于强调光的魅力及艺术性的表达，诸如反光灯带、见光不见灯的暗藏式布光以及各种方向的光线设计等。这些结合于室内造型、将光与形有机巧妙的组合，实际上是创造了一种光立体的环境氛围。如图 5-2-7 所示，就是一种富有装饰效果的照明图，立刻给环境增添了一份明显的欢乐之情。

图 5-2-7 装饰照明

4. 混合照明

混合照明一般是指由以上三种照明共同组成的照明，它是在一般照明的基础上，在需要特殊照明的地方提供重点照明和装饰性照明，目的是增强空间层次感，营造环境气氛。混合照明适用于对作业面照度要求高，而作业面并不密集的场所，有利于提高照度和节约能源，一般在商店、办公楼、酒店等这样的场所中大都采用混合照明的方式。如图 5-2-8 所示，就是结合了多种照明的混合照明形式，营造出一种独特的环境氛围。

图 5-2-8　混合照明

（四）室内照明设计的原则

1. 安全性原则

安全无小事，无论在什么情况下，安全都必须放在首先考虑的位置上。在室内照明设计中，会涉及很多线路方面的问题，如电源、线路、开关、灯具的设置都要采取可靠的安全措施，在危险的地方要设置明显的警示标志。这是设置时的安全预防措施，同时，为了保证这些线路后续的安全和运行的可靠，我们还应随时检查、及时进行故障维修，以防止火灾和电器事故的发生。

2. 经济性原则

室内的灯光设计不仅为了照明，同时也需要与整体的空间风格相协调，满足人们生理和心理的需要。但这并不表明灯光一定要以多为好、以强取胜，关键是科学合理。在选择灯具时，我们除了考虑它的装饰效果外，还需思考它是否经济实用，华而不实的灯饰非但不能锦上添花，反而画蛇添足，同时造成电力消耗、能源浪费和经济上的损失，甚至还会造成光环境污染而有损身体的健康。

3. 功能性原则

室内照明设计最终定位的基本是它必须满足其功能性要求。当然，现在市面上可供选择的灯具那么多，我们需要根据不同的空间和场合以及不同的对象选择不同的照明方式和灯具，这样才能保证其恰当的照度和亮度。例如，会议大厅是供人们展开会议讨论的地方，是严肃的场地，它的灯光照明设计要求亮度分布均匀，避免出现眩光，应选用整体性照明灯具，采用垂直式照明；商店的橱窗中陈列的商品是为了吸引顾客，一般采用强光重点照射以强调商品的形象。

4. 美观性原则

合理的照明设计不仅能满足基本的照度需要，还具有以下几种特殊的作用。

（1）可以体现室内的气氛，起到美化环境的作用。

（2）可以强调室内装修及陈设的材料质感、纹理、色彩和图案。

（3）恰当的投射角度有助于表现物体的轮廓、体积感和立体感，而且还可以丰富空间的深度感和层次感。

因此，照明的设计同样需要进行艺术处理，需要设计师具备丰富的艺术想象力和创造力。

（五）室内照明设计的主要内容

1. 确定照明方式、照明的种类和照度的高低

不同的功能空间需要不同的照明方式和种类，照明的方式和种类的选择要符合空间的性格和特点。此外，合适的照度是保证人们正常工作和生活的基本前提。不同的建筑物、不同的空间、不同的场所，对照度有不同的要求。即使是同一场所，由于不同部位的功能不同，对照度的要求也不

尽相同，因此，确定照度的标准是照明设计的基础。

2. 确定照明的范围

室内空间的光线分布不是平均的，某些部分亮，某些部分暗，亮和暗的面积大小、比例、强度对比等，是根据人们活动内容、范围、性质等来确定的。如舞台是剧场等的重要活动区域；为突出它的表演功能，必须要强于其他区域。某些酒吧的空间，需要宁静、祥和的气氛和较小的私密性空间，范围不宜大，灯光要紧凑；而机场、车站的候机、候车厅等场所一般都需要灯光明亮，光线布置均匀，视线开阔。

确定照明范围时要从以下几个部分着手，同时也是确定照明范围时应该着重注意的几个问题：

（1）发光面的亮度要合理。亮度高的发光面容易引起眩光，造成人们的不舒适感、眼睛疲劳、可见度降低。因此，在教室、办公室、医院等一些场所要尽可能避免眩光的产生。但是，高亮度的光源也可以给人刺激的感觉，创造气氛。例如，天棚上的点状灯，可以有天空星星的感觉，带来某种气氛。酒吧、舞厅、客厅等可以适当地用高亮度的光源来造成气氛照明。

（2）室内空间的各部分照度分配要适当。一个良好的空间光环境的照度分配必须合理，光反射的比例必须适当。因为，人的眼睛是运动的，过于大的光照强度反差会使眼睛感到疲劳。在一般场合中，各部分的光照度差异不要太大，以保证眼睛的适应能力。但是，光的差异又可以引起人的注意，形成空间的某种氛围，这也是在舞厅、酒吧、展厅等空间中最有效、最普遍使用的手段。所以，不同的空间要根据功能等的要求确定其照度分配。

（3）工作面上的照度分布要均匀。特别是一些光线要求比较高的空间，如精细物件等的加工车间、图书阅览室、教室等的工作面，光线分布要柔和、均匀，不要有过大的强度差异。

3. 选择与确定光色

不同的光色在空间中可以给人以不同的感受。冷、暖、热烈、宁静、欢快等不同的感觉氛围需要用不同的光色来进行营造。另外，根据天气的冷暖变化，用适当的光色来满足人的心理需要，也是要考虑的问题之一。

4. 选择灯具的类型

每个空间的功能和性质是不一样的，而灯具的作用和功效也是各不相同的。因此，要根据室内空间的性质和用途来选择合适的灯具类型。

5. 确定灯具的位置

灯具的位置要根据人们的活动范围和家具等的位置来确定。如看书、写字的灯光要离开人一定的距离，选择合适的角度，不要有眩光等。阴影在通常情况下需要避免，但也有一些特殊情况，例如某些场合需要加强物体的体积或进行一些艺术性处理时，则可以利用阴影以达到效果。

（六）室内照明设计的基本程序

室内照明设计是一门综合的科学，涵盖的内容极其丰富，不仅包括建筑、生理的领域，而且和艺术密不可分。因此，一个优秀的室内照明设计师必须首先对灯具十分了解。其次，需要有较高的艺术欣赏水平和专业设计水平。虽然室内照明设计涉及的范围广，不同的场合要求也千差万别，但是室内照明设计的基本程序大同小异，万变不离其宗，一般可分为以下三个阶段：

（1）听取业主或甲方的要求，并与相关人员进行商讨。充分分析此照明设计方案会有哪些因素影响其照明效果。

（2）做出一些基本的设计抉择，首先确定选择主照明还是辅助照明。

（3）对室内的平均照度、照明的均匀性及作业平面上的照度进行计算分析，检验这些数据是否符合照明标准的要求。

第三节　当代室内设计中照明的艺术效果

一、丰富空间内容

现代照明中，运用人工光源的投射、虚实、隐现等手法控制光的投射角度及光的构图秩序，可以增加空间的亮点，是快速提高空间艺术氛围的最简单直接的手段，可以通过照明限定空间、强调重点部位、创造不同的空间氛围。下面我们通过一些实例来证明。

如时下流行的酒吧、KTV、漫摇空间，在这种娱乐场所，灯光的作用是不可忽视的，不同的灯光对营造空间氛围起着重要的作用，通过把色彩斑斓的灯光和室内的空间环境结合起来，可以创造出各种不同风格的酒吧情调，取得良好的装饰效果。例如闪动跳跃的霓虹带给人们激情与热烈的感受，烘托了环境氛围。反之，如果娱乐场所的灯光采用最简单的白炽灯直接照明，那可想而知是什么效果了。

因此，照明除了在满足最基本的照亮功能外，还能丰富空间内容。一般来说，空间的开敞性与灯光的亮度成正比：亮的房间感觉大些，暗的房间感觉小些。

二、创造气氛

影响环境气氛的光照因素有以下两点：

（1）灯光的色彩和灯具的造型。灯光的色彩在营造空间环境中有着非常重要的作用，很简单的道理，在暖光环境下，室内会显得非常温馨，容易给人带来温暖愉悦的视觉感受。相反，如果室内灯光呈现冷色调，会给人一种宁静高雅的视觉感受。同样的，灯具的造型在室内照明设计中的作用也是不可小觑的。且不论造型各异的灯具会给人一种美的感受，不同的造型还可以营造出不一样的室内风格，如清新的、复古的、时尚的、可爱的等等，不同风格的室内灯具的选择自然是有区别的。

（2）光照的环境。选用什么样的灯光照明还需考虑室内空间呈现的气氛如何以及主光源与次光源之间的相互作用。例如，在暖色调的室内环境下，再用暖色调的灯光就会加强原本的温暖基调，如果用冷色调的灯光，则会给原本鲜艳的颜色蒙上一层灰暗的色调。相反，在冷色调为主的室内环境中，如果再用冷色调的灯光，会使原本清净的环境更为清幽，如果在冷色调为主的室内空间里加入暖色调的光源，则会破坏了室内宁静高雅的气氛。

三、加强空间感和立体感

空间感和立体感其实是人的心理感觉决定的，也就是说，室内空间的物理属性当给予不同光的效果时，空间展现给人们的心理特征就产生变化。人眼对光的效果的感知受光影位置的影响，例如直接照明是因为光直接作用于物体表面，空间物体的明暗关系强烈，光与影的对比增加了空间和物体的立体感。而间接照明因为光不直接作用于物体表面，使物体与光影之间形成一个模糊的空间。因此，间接照明能有效地增加室内的空间感，通过间接照明的装饰效果，营造出多姿多彩的空间表情。

四、光影艺术和装饰照明

光影本身就是一门特殊的艺术，在照明艺术中更加深刻地体会到光影的独具匠心之处。我们在照明设计时，有时也可充分利用光与影的关系，形成生动的光影效果，丰富空间的内容与变化，这也是获得良好的艺术照明效果的前提。在处理光与影的关系时，我们要考虑到光与影的关系以及它们的变化没有固定的形态。因此，首先要清楚到底要表现的是什么，无论是以表现光为主，还是以表现影为主，又或者同时表现两种形态，都要把握主题，通过合理的表现形式，刻画出其美轮美奂的效果，进而丰富空间氛围，提升艺术气息。

在绘画中的光影也是非常重要的，只有通过光影，才能产生立体感、空间感，并且光影也是烘托某种气氛的重要元素。如在以绿化为主的休闲空间中，充分利用光影的作用有意制造出一些造型圆洞，并把灯光放进圆洞或放在某些植物的下面向上照射，会使空间产生有趣的光影，既丰富了视觉效果，又增加了空间的立体感和层次感。

五、照明的布置艺术和灯具造型艺术

对于呈现灯光艺术来说，重点不在于个别灯具本身，而是在于整体的组织和布局。就拿普通的白炽灯和荧光灯来说，独立出来并不会体现室内照明的艺术，一旦经过精心的调整和布置，就能显现出千军万马的气氛和壮丽的景色。

针对这些小的灯具来说，它们的组合会给照明艺术带来很大的惊喜，但是对于大范围的照明，它们的地位通常比较突出，不能用组合方式来处理，需要对其进行特殊的组织来达到引人注目的效果。

顶棚是表现布置照明艺术的最重要场所，它地位重要，而且体积大，在观众眼中暴露无遗，因此，它的布置显得尤为重要。通常所用的顶棚形式多种多样，要根据场合选择合适的顶棚；其次，为了创造出独特的顶棚效果，使人们赏心悦目，必须在顶棚的布置上下功夫。因此，需要特别注意顶棚上的图案、顶棚的形状和比例以及它表现出来的韵律效果。

灯具造型一般可分为支架和灯罩两大部分进行统一设计，不管哪种方式，灯具造型的选择都必须遵守两点：

（1）整体造型必须协调统一。随着科技的发展，现代灯具的造型也是种类繁多，不同的灯具所达到的效果也是不一样的。因此，放在同一空间的灯具造型必须协调。

（2）与整体氛围一致。每个建筑物经过精心的设计所要表达的风格不同，选择灯具时要根据整体的环境氛围进行选择，与其达成一致。

六、强化空间的视觉焦点

要想强化空间的视觉焦点，除了事物自身的材质、色彩、比例关系的对比外，我们还可以借助灯光的作用达到想要的效果。其实这种设计方法我们在生活中经常会见到，例如，在商业空间中，利用射灯的局部照明突出商品，使空间的主题突出、环境减弱，从而提高了空间形态的诱惑力。因此，在室内设计中，设计师也可以利用直接照明、间接照明及其他照明方式来塑造空间的视觉焦点。

第四节　当代室内照明设计的灯具研究

一、灯具的分类

（一）按设计方式划分

灯具按设计方式划分可以分为三种类型，分别是明露式、隐藏式和半隐藏式。

（二）按光源划分

灯具安装光源划分可以分为很多种，这里我们列举了以下九种，下面我们一起来看看它们各自有什么优缺点。

（1）白炽灯。指一般灯泡，光源稳定，灯光柔和，光量足，灯具美观，能瞬间开启，散发热量太大，夏天不宜使用，耗电量大。

（2）荧光灯。荧光灯是由于低压汞蒸汽中的放电而产生紫外线，刺激管壁的荧光物质而发光的。荧光灯分为温白色、白色和自然光色三种。温白色的色温大约为 3500K，接近于白炽灯；白色的色温为 4500K，其光色接近于直射阳光的光色温；自然光色的色温为 6500K，其光色是直射阳光和蓝色天空光的结合，接近于阴天的光色。自然光色的荧光灯由于偏冷，人们不太习惯，后来出现了白色的荧光灯，蓝色成分较少，从此以后，白色荧光灯大量地被人们应用。

荧光灯的优点是耗电量小，寿命长，发光效率高，不易产生很强的眩光，因此广泛运用于工作、学习的环境和场所。但是荧光灯也有缺点，它的缺点是光源较大，容易使景物显得平板单调，缺少层次和立体感。所以为了合理地使用灯光，可以将白炽灯与荧光灯配合起来。

（3）卤钨灯。卤钨灯属于热辐射光源，是在灯泡或灯管内填充的气体含有部分卤化物，利用卤钨循环的原理，将灯丝蒸发的钨重新附着在灯丝上，以提高光效和延长使用寿命。卤钨灯和白炽灯相比具有光效高、体积小、便于控制、寿命长、输出光通量稳定等特点，广泛应用于大面积照明和定向照明的场所，如展厅、广场、商店橱窗照明、影视照明等。

（4）紧凑型荧光灯。紧凑型荧光灯又称为节能灯，它是自带镇流器的荧光灯。自问世以来，就以其光效高、显色性好、无频闪、无噪声、节约电能、小巧轻便等优点受到青睐。

（5）钠灯。钠灯是利用钠蒸气放电发光的气体放电灯，分为高压钠灯和低压钠灯两大类。钠灯的光色呈橙黄色，具有光线柔和、光效高、耗电省等优点，适用于工业照明、仓库照明、街道照明、泛光照明、安全照明等场所。

（6）发光二极管。简称 LED，是一种将电能转化为光的半导体电子元件。它具有体积小、功率低、高亮低热、环保、使用寿命长等特点。随着技术的不断进步，发光二极管已被广泛地应用于装饰、商业空间照明以及建筑装饰照明等。

（7）烛光灯。烛光灯的优点是光源温和优美，目前有造型很美的烛具及烛盘；缺点是光源不足，照度不稳定，产生的光有眩光感，燃放二氧化碳，使用时间长了，使用者会感到不适。

（8）流星管灯。流星管灯的灯泡放于玻璃管内成线状，可用于讲究气氛的场所。

（9）水银灯。水银灯色冷，除青绿色的被照物体之外，都失去原有的色彩。适合庭院使用，室内要少用。

（三）按使用功能划分

按使用功能可把灯具划分为一般照明灯、防水照明灯、防热照明灯、防爆照明灯、防盗用灯、高效率灯具、水中专用灯、防虫用灯等。

二、室内常用的照明灯具

（一）固定式灯具

1. 吊灯

吊灯是悬挂于室内某一高度的灯具，常用于一般照明，或用在一些大型公共空间中需要进行艺术处理的地方。吊灯主要适用于起居室、餐厅、大堂等室内空间。由于处于室内空间的中心位置，其形态、质地、色彩能影响空间的气氛，具有很强的装饰性，因此，在采用时应该与室内空间的风格、尺度、环境相适应。如图 5-4-1 所示，是水晶吊灯和欧式复古吊灯两种吊灯的形式。

图 5-4-1　吊灯

2. 射灯

射灯也称投光灯或探照灯。是将灯具安装在顶棚或墙面上，用于局部照明。本身有活动接头，可以随意调节灯具的方位和改变投光角度。射灯的主要特点是通过光源的集中照射来强调需要重点突出的物体或区域。主要用于商业空间、展览空间和居住空间中的商品、展品和工艺品等。如图5-4-2所示，就是两种不同形态的射灯。

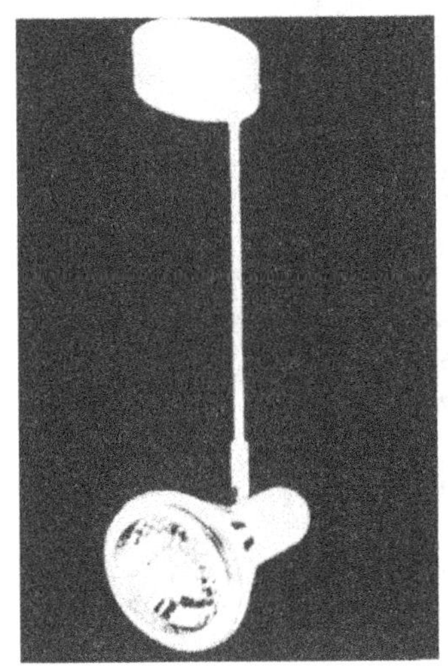

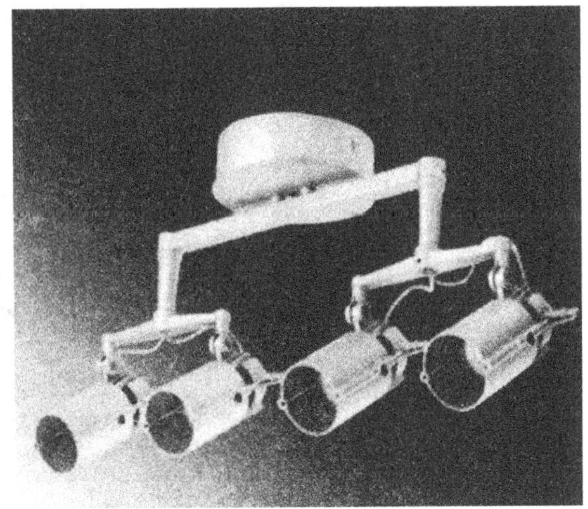

图 5-4-2　射灯

3. 壁灯

壁灯是一种常用的装饰灯具。壁灯一般位于墙上，处于地面和房顶的中间，这样一来，当建筑物的层高过低或过高不适合用吸顶灯时，壁灯就不失为一种很好的选择。尤其在住宅、办公室等室内环境设计中，选择一些工艺形式新颖的壁灯能充分体现主人的修养和兴趣爱好。如图5-4-3所示，就是一种比较大型的壁灯样式。

4. 槽灯

就是“反光槽灯”，也称之为结构式照明装置。它是固定在天花板或墙壁上的线型或面型的照明，一般都选用日光灯管和软管灯的形式。这种照明方式装饰性较强，但不利于节能，一般作为背景照明。

5. 罩灯

罩灯也叫吊线灯，灯罩采用硬质塑料、玻璃、不锈钢等材质制成，使用灯罩将灯光罩住固定地投射于某一范围内，内置变压器具有过载保护

图 5-4-3　壁灯

功能。灯具采用独有的平衡装置，精致美观，结实不易破碎，造型别致，具有现代感，便于创造柔和的室内环境。一般用在顶棚、床头、商场、餐厅等空间使用，常以悬挂形式出现，餐厅中安装罩灯的比较多，最好选择可调节的线灯，灯光应限制在餐桌正上方范围内，最低点一般距离桌面800mm左右，既能突出餐桌，又能引起人的注意，更能增加食欲。如图5-4-4所示，在塑料灯罩颜色的映衬下，灯光效果更加引人注意，营造出一种独特的意境。

6. 吸顶灯

直接固定在顶棚上的灯具称为吸顶灯。光源一般采用白炽灯或荧光灯，可设置遮光罩，形状以方形、长方形、圆形居多。如图 5-4-5 所示，就是一种圆形吸顶灯。吸顶灯的使用功能及特性基本与吊灯相同，主要用于一般照明。在使用空间上，多用于较低的空间中。使用时要注意吸顶灯的大小和数量要与室内空间相协调。

图 5-4-4　塑料罩灯

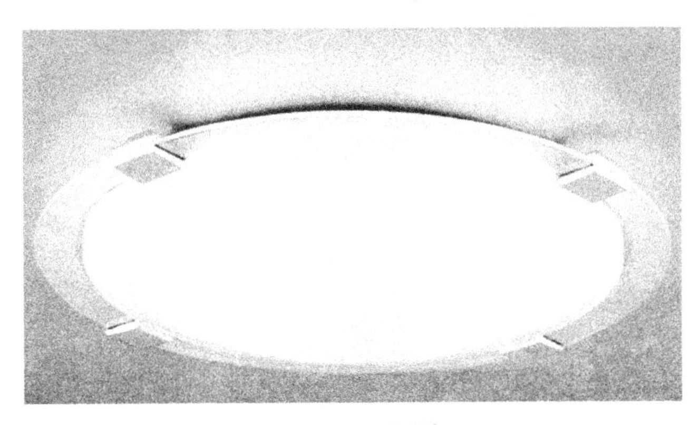

图 5-4-5　吸顶灯

7. 嵌顶灯

泛指装在天花板内部灯口与天花板持平的隐装式灯具。其优点是天花板面整齐，节省层高，缺点是散热性能不好，发光效率不高，一般不宜作为主光源，只在局部装饰性吊顶时使用。

8. 发光顶棚

吊顶内装以白炽灯或荧光灯为主的光源，吊顶外饰半透明漫射材料或格片，此种吊顶称为发光顶棚。这种照明装置的主要特点是发光表面亮度低而面积大，空间照度分布均匀，光线柔和，无强烈阴影，无眩光。

9. 格栅灯

格栅灯根据安装方式不同分为嵌入式格栅灯和吸顶式格栅灯，能提高灯具效率和抑制不舒适的眩光，使空间明亮，并可以组成各种长度的连续型光带，被广泛地应用在办公场所，如图 5-4-6 所示，就是一种工作空间的格栅灯。常见的有镜面铝格栅灯、有机板格栅灯，它们具有防腐性能好、不易褪色、透光性好、光线均匀、节能环保，防火性能好的特点，符合环保要求。常用的规格有 600mm×600mm、600mm×1200mm，规格和天花吊顶矿棉板、铝塑板等材料尺寸统一，施工方便。

图 5-4-6 格栅灯

10. 光纤灯

光纤由液体高分子化合物聚合而成，光纤传光、发光，不发热、不导电，具有导光性、省电、耐用、无污染、可弯曲、可变色，环境适应范围广，节能环保，使用安全等特点。光纤照明可以创造出十二星座、流星雨、星空风瀑、流水瀑布、光纤幕墙、垂帘、光晕轮廓等绚烂多彩的效果，如图5–4–7所示，是一种塑料光纤灯，纵横交错的光纤营造出一种浪漫的氛围，美不胜收。市场上常用光纤种类有光纤吊灯、光纤射灯、塑料光纤、光纤水晶灯等，光纤水晶灯是由光纤光源与水晶完美搭配而成的，光纤水晶灯不但颜色多元化，比起一般的水晶灯，能使每颗水晶的中心都十分明亮，从而使灯的光线分布比较均匀，使用起来更加安全。塑料光纤光线比较柔和，大大地减少了光污染，是近年来的新技术，广泛应用于建筑物装饰照明，景观装饰照明，文物工艺品照明，商场、展览馆、娱乐场所、居家装饰及特殊场合照明等。

图 5–4–7　光纤灯

11. LED 灯

LED 灯也称为发光二极管。它的基本结构是一块电致发光的半导体材料，置于一个有引线的架子上，然后四周用环氧树脂密封，起到保护内部芯线的作用。此种灯具有显著的节能效果，使用寿命长，内置驱动控制器，能产生整体灯光变化效果，并安装特殊的散热设计，防护等级高、稳定可靠，完全能达到绿色环保，它可以达到其他灯光所不能实现的大范围、大场景的照明，适用于建筑物及立交桥、广场、街道、车站、码头、庭院、舞台、室内空间及娱乐场所等。

如图 5-4-8 所示，就是水立方的艺术灯，它有着各种不同的形态，这里我们展示了一种“水之花”的图案。水立方艺术灯光景观就使用了 50 多万支 LED 灯，是全球标志性的景观灯光项目，水立方采用空腔内透光的照明方式，是目前世界上最大的膜结构建筑的 LED 景观照明方案。水立方可呈现出不同的“表情”、不同的亮度、不同的颜色。在夜晚，这个湛蓝色的水分子建筑是灯光设计的完美诠释。

图 5-4-8　水立方的 LED 灯

（二）可移动灯具

可移动灯具是指根据需要可以自由移动的灯具。最典型的就是各种台灯和落地灯。下面我们就一起看看台灯和落地灯各自有什么样的功能和特点。

1. 台灯

台灯主要用于局部照明。其实台灯我们并不少见，书桌、床头柜、茶几上等都可以摆放台灯，如图 5-4-9 所示。它不仅是照明器，也是人们常用的一种陈设装饰品。台灯的形式变化很多，由各种不同的材料制成。台灯按材质、功能、样式、光源等可以分为很多种类，在购买的时候应以室内的环境、气氛、风格等为依据来进行选择。

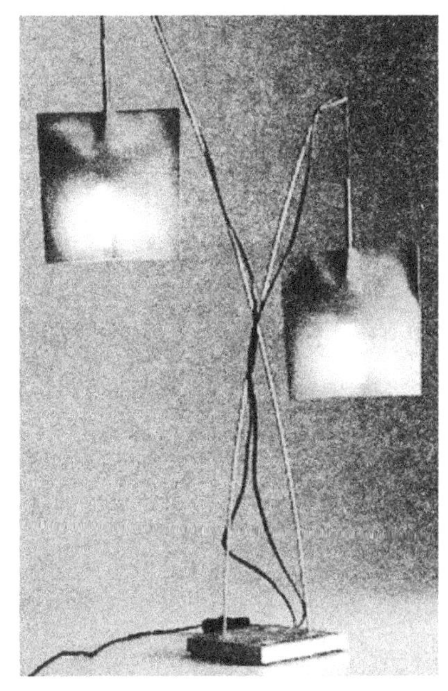
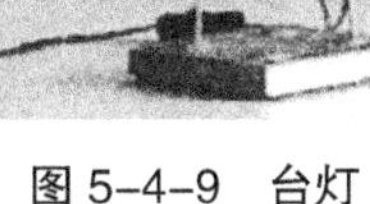

图 5-4-9　台灯

图 5-4-10　落地灯

2. 落地灯

“落地灯”也是一种局部照明的灯具，它的摆放强调移动的便利，对于角落气氛的营造十分实用，它常摆在沙发和茶几附近，作为待客、休息和阅读的照明工具，如图 5-4-10 所示，就是一幅展示落地灯的图片。时下流行的金属抛物线钓鱼灯也属于落地灯的一种，落地灯装饰性强，有各种不同的造型，对于空间的塑造既有功能性又有趣味性。

三、灯具的造型及选用

（一）灯具的造型

1. 仿生造型

这类造型多以某种物体为模本，加以适当的造型处理而成。在模仿程度上有所区别，有些极为写实，有些则较为夸张、简化，只是保留物体的基本特征。如仿花瓣形的吸顶灯、吊灯、壁灯等，以及火炬灯、蜡烛灯等。这类造型有一定的趣味性，一般适用于较轻松的环境，不宜在公共环境或较严肃的空间内使用。

2. 传统式造型

传统式造型强调传统的文化特色，给人一种怀旧的意味。譬如，中国的传统宫灯强调的是中国式古典文化韵味，安装在按中国传统风格装修的室内空间里，的确能起到画龙点睛的作用。传统造型里还有地域性的差别，如欧洲古典的传统造型的典型代表水晶吊灯，便来源于欧洲文艺复兴时期崇尚和追求灯具装饰的风格。尽管现今这类造型并不是照搬以前的传统式样，有了许多新的形式变化，但从总体的造型格式上来说，依旧强调的是传统特点。日本的竹、纸制作的灯具也是极有代表性的例子。因此，传统灯具造型在使用时必须注意室内环境与灯具造型的文化适配性。

3. 现代流行造型

这类造型多是以简洁的点、线、面组合而成的一些非常明快、简单明朗，趋于几何形、线条型的造型。具有很强的时代感，色彩也多以响亮、较纯的色彩，如红、白、黑等为主。这类造型非常注意造型与材料、造型与功能的有机联系，同时也极为注重造型的形式美。

4. 组合造型

这类造型由多个或成组的单元组成，造型式样一般为大型组合式，是一种适用于大空间范围的大型灯具。从形式上讲，单个灯具的造型可以是简洁的，也可以是较复杂的，主要还是整体的组合形式。一般都运用一种比较有序的手法来进行处理，如四方、六角、八合等，总的特点是强调整体规则性。

（二）灯具的选择

室内设计中，照明设计应该和家具设计一样，由室内设计师提出总体构思和设计，以求得室内整体的统一。但是由于受到从设计到制作的周期和造价等一系列因素的制约，大部分灯具只能从商场购买，所以选择灯具成为一项重要的工作。接下来我们就一起来看看在选择灯具的时候应该注意的问题。

1. 灯具的构造

为选好灯具，首先必须对不同灯具都有一个大致的了解，这样在买的时候才不会抓瞎，便于我们买到更合适的灯具。所以对不同灯具的构造我们一定要先做一些功课，以便更准确地选择。从灯具的制造工艺来看，大体可分为以下几种：

（1）普通玻璃灯具。普通玻璃灯具按制造工艺大致可以分为普通平板玻璃灯具和吹模灯具两种类型。普通平板玻璃灯具是用透明或茶色玻璃经刻花，或蚀花、喷砂、磨光、压弯、钻孔等各种工艺制作成的。吹模灯具是根据一定形状的模具，用吹制方法将加热软化的玻璃吹制成一定的造型，表面还可以进行打磨、刻花、喷砂等处理，加以配件组合成的灯具。

（2）金属灯具。金属灯具多半是用金属材料制成，如铜、铝、铬、钢片等，经冲压，拉伸折角等成一定形状，表面加以镀铬、氧化、抛光等处理。筒灯就是典型的金属灯具。

（3）高级豪华水晶灯具。高级豪华水晶灯具多半是由铜或铝等做骨架，进行镀金或镀铜等处理，然后再配以各种形状的水晶玻璃制品。这些形状各不相同，有粒状、片状、条状、球状等。水晶玻璃含24%以上的铅，经过压制、车、磨、抛光等加工处理，使制品晶莹透彻，菱形折光；熠熠生辉。另外，还有一种静电喷涂工艺，经过化学药水处理，水晶玻璃也可以达到闪光透亮的效果。

2. 选择灯具的要领

在室内环境的设计中，灯具的选择特别重要。首先要满足基本的实用功能，其次要造型优美，也就是要满足形式感方面的要求。灯具与室内环境的设计要相得益彰，有时甚至会起到画龙点睛的作用。那么选择灯具都有哪些要领呢？

（1）灯具的选型必须与整个环境的风格相协调。例如，同是为餐厅设计照明，一个是西餐厅，另一个是中式餐厅，很明显两者的环境风格不一样，灯具选择必然也不一样。作为中式餐厅，为了与环境相烘托，可以考虑具有中国古典特色的灯具，如八角形挂灯或灯笼形吊灯等，而西餐厅也许选择玻璃或水晶吊灯更能符合欧式风格。

（2）灯具的材料质地要有助于增强环境艺术气氛。每个空间都有自己的空间性格和特点，灯具作为整体环境的一个部分，同样起着相当的作用。无论空间强调的是朴素的、乡土气息的，还是强调富丽堂皇的、宫廷气氛的，都必须选用与材料质地相匹配的灯具。一般情况下，强调乡土风格的可以考虑用竹、木、藤等材料制作的灯具，而豪华水晶、玻璃灯具更适用于豪华一些的空间环境。

（3）灯具的规格与大小尺度要与环境空间相配合。尺度感是设计中一个很重要的因素，一个大的豪华吊灯装在高大空间的宾馆大堂里也许很合适，突出和强调了空间特性。但是同一个灯具装在一间普通客厅或卧室里，它便可能破坏了空间的整体感觉。此外，选择灯具的大小要考虑空间的大小。如果空间较小，尽量不要选择过大的吊灯或吸顶灯，可以考虑用体积较小的灯具，如嵌顶灯等。

本章总结

上一章的内容中主要对色彩进行研究。但只搭配好色彩是不够的，因为室内无论是墙面还是器物，大多数都是不发光的，都需要外界的光线才能展示其自身的色彩，而且不同的光照条件也会引起色差。本章对室内设计中光线这一要素进行了深入研究，从基本原理入手，对自然光和照面等理论进行解析并且从艺术效果上加以研究，最后研究了采光中非常重要的灯具。从以上方面使读者在理论和实践上，对室内设计中的光线要素有一个透彻的认识。

第六章　当代室内设计中的材料要素研究

设计必须要用到材料，要想让室内形成想要的氛围，就必须要选用恰当的材料来进行装饰。本章将对室内设计中的材料要素进行深入的研究。

第一节　当代室内设计中的材料概述

一、材料的特征和作用

（一）装饰材料的特征

室内装饰材料能体现出空间的意境与氛围，但要通过材料的质感、线条、色彩才能表现出来；材料的功能与效果也是要通过材料的基本特征来展现；在选择具体部位材料时，只有综合考虑材料的多项性能，才能运用自如。因此，我们必须了解装饰材料都具有什么特征，这样才能在选择的时候知道从何下手。经过不断的实践总结，我们发现任何一种装饰材料都需具备以下特征。

①颜色、光泽、透明性。

②表面组织。

③形状和尺寸。

④平面花饰。

⑤立体造型。

⑥基本使用性。

（二）装饰材料的作用

不同的装饰材料所做的装饰品是不一样的，对室内环境所起的作用也是不同的，那么这些装饰材料都有哪些作用呢？我们一起来看看。

（1）材料是由设计到工程实施过程中的基本手段和有效途径。材料为装饰的表现起到强化、丰富的作用。材料是装饰艺术的载体，设计理念的更新，促进了装饰材料的发展，以此来满足人们猎奇、追新、求异等需求。

（2）实用主义功能。装饰材料能起到绝热、防潮、防火、吸声、隔音等多种功能，并能保护建筑主体结构，满足建筑室内的基本功能。

（3）改善室内环境。用于室内装饰工程的材料，使人们得到美的享受，通过材料的质感、纹理、花纹、颜色的搭配，能使建筑空间获得艺术价值和文化价值。

二、装饰材料的分类

在室内空间中，装饰材料的具体体现是室内环境界面上相同或不同的材料组合，从材质类型看，可分为以下三种方式。

（1）相同材质构成。在室内空间中为营造统一和谐的气氛，往往采用同一材质或以同一材质为主的组合。同一材质组合构成很容易形成视觉的统一感，但也容易造成单调感。因此，对同一材质的构成可以采用不同的构成方式。如使用同一木材，可以采用凹凸的方式、改变木材纹理方向的方式、板块之间对缝的方式等实现构成关系，这样可形成既有细节又有整体的视觉效果。

（2）相似材质构成。室内空间中的相似材质如同色彩构成中的近似色，虽有差异但很接近。相似材质组合要特别注意材质对比关系的恰到好处。在实际操作中，相似材质的应用往往会以不同的面积、比例、结构方式等形式要素的相互衬托来组合。例如，同为金属材质的铝板与不锈钢板，采用一定面积的铝板材质，配合局部的不锈钢条收边，在对比中可体现出工艺的精湛和视觉的美感。这些都能在和谐中寻求恰当的对比关系。

（3）对比材质的构成。不同材质差异较大，各自的形象特征明显，不同材质的组合构成在室内设计中有较多应用，它能起到冲击力强、鲜明醒目的视觉效果，通过材质的合理构成来体现材质美感。例如，木质与玻璃的对比，织物与金属板的对比，均可产生较强的视觉效果。对于对比材质的应用，更多地要注意统一协调的关系。选择同为自然属性的材质就较容易形成和谐，选用同一色调或接近的色彩较容易和谐。例如，选用同为自然属性的木材和石材，或采用木材本色与同为木质色系的金属板就比较容易构成和谐的关系。

三、室内常用装饰材料的种类

（一）木材

木材的使用几乎贯穿了人类的整个建筑历史。就目前所知，大约在六七千年前，中国的河姆渡文化就已有“干阑”式木构建筑及凿卯制榫的木材加工工艺。后来，梁柱作法又进一步演变出复杂而独特的斗拱系统，这种集结构与装饰为一体的独特建筑体系作为中国传统建筑的主体一直被我们的祖先演化和发展到极致，木构建筑几乎就是中国建筑的同义语。

虽然木材有易燃、易腐朽、易裂变、易遭虫蛀等局限性，但这并不会妨碍到木材得天独厚的优越性：木材的资源丰富，容易获得；其材质较轻，强度较高，有较好的弹性和韧性；既能支撑也会围合建筑的空间，容易加工和涂饰；木材的外观自然、亲切、美观，并且具有芳香的气味；世界各地的森林为我们提供了丰富的木材品种，不同树种具有不同的丰富色泽和纹理；木材还是很好的绝缘材料，对声音、热、电都有较好的绝缘性。

尽管今天有许多更具优越性能的新型材料可供选择，木材仍是当前主要的建筑材料之一，现代各类装饰工程中，木材的使用依然极其广泛，用量极高。据统计，现代居室内的木材及木材加工产品的用量达到 50% ~ 80%。

木材的分类：木材按其内部构成可分为天然材、人造材和集成材等。

1. 天然材

天然材分软木材和硬木材两种，室内装饰工程的天然木制品包括地板、门窗、木线、龙骨以及雕刻制品等。

软木材主要是指松、柏、杉等针叶树种，木质较软较轻，易于加工，纹理顺直较平淡，材质均匀，胀缩变形小，耐腐性较强。多用于家具和装修工程的框架(如龙骨等基层)制作。硬木材主要是指种类繁多的阔叶树种，包括枫木、榉木、柚木、曲柳、檀木等，多产于热带雨林，虽然容易因胀缩、翘曲而开裂和变形，但木质硬度高且较重，具有丰富多样的纹理和材色，是家具制作和装饰工程的良好饰面用材。

2. 人造材

天然材生长周期长，随着人类对森林的大量采伐，地球的森林资源正逐渐匮乏，目前这种持续的过度消耗已经造成了巨大的环境问题。人们为了充分合理地使用木材，提高正常木材的使用率，利用木材加工过程中产生的边角碎料，以及小径材等材料，依靠先进的加工机具和新的粘结技术的掌握，生产了许多人造材，目前其使用量已远远超过天然材，其中人造板是目前室内装修以及家具制作最常用的板材，具有幅面大，尺寸标准化、规格化，表面光洁平整等优点，代替木板使用，可大大简化加工工艺，还可降低成本，为木材的利用带来革命性的变化。

人造板可以分为以下几个品种。

（1）纤维板。用板皮、木渣、刨花等剩废料，粉碎后研磨成木浆，加入胶料或水泥、菱苦土等，经热压成型等工序制成。由于成型时温度及压力的不同，又可分为硬质、中硬质、软质三种，也可以称为高密板、中密板、低密板。内部组织均匀，握钉力较好，由于构造均匀，平整度极佳，不易翘曲开裂和变形，抗弯强度较高，表面还可以雕刻、铣形处理，多作为涂装或贴面基材使用。如图 6-1-1 所示，就是纤维板的展示图。

图 6-1-1 纤维板

（2）胶合板。将原木经蒸煮旋切成的薄片，用胶黏剂按奇数层数以相邻各层木片纤维纵横交叉的方向进行黏合热压而成的大幅面的人造板材。常用的有 3 厘板、5 厘板、9 厘板等。既可作为基层板来使用，也可使用装饰性好的优良木材或装饰纸、塑料贴面板，贴在普通的衬底木板上制成饰面板来使用，是室内装修和家具制作的常用贴面板材。

（3）空心板。它是以木条、胶合板条或纸质蜂巢组成的几何孔格为芯料，两边覆以胶合板、塑料贴面板等，经胶压制成的板材。它具有形状稳定，重量轻等优点，但强度较低。适宜用作门板材料。

（4）刨花板。以刨花、木渣及其他短小废料切削的木屑碎片为原料，加入胶料及其他辅料，经热压而制成的板材。强度较低，握钉力差，边缘易吸湿变形和脱落，但平整度好，价格较低，多作为基材来使用。目前，国内板式家具大多数是利用刨花板制成。如图 6–1–2 所示，就是刨花板的展示图。

图 6–1–2　刨花板

（5）细木工板。细木工板又称大芯板，是由上下两层单板中间夹有木条拼接而成的芯板。如图 6–1–3 所示，就是细工木板，它的优点是握钉力好，强度、硬度俱佳，缺点是平整度稍差于密度板和刨花板，一般作为涂装或贴面的基材来使用，是目前装饰工程中较多使用的基层板。

图 6-1-3　细工木板

（6）定向木片层压板。定向木片层压板又称欧松板，国际上通称为 OSB，是一种新型结构装饰板材，采用松木碎片定向排列，经干燥、施胶、高温高压而制成。甲醛释放量几乎为零，成品完全符合欧洲 E1 标准，抗冲击能力及抗弯强度远高于其他板材，并能满足一般建筑及装饰的防火要求，可用于墙面、地面、家具等处。目前，欧松板在北美、欧洲、日本的用量极大，建筑工程中的常用胶合板、刨花板已基本被其取代。

3. 集成材

将短小的方材或薄板按统一的纤维方向，在长度、宽度或厚度方向上胶合而成的材料。集成材稳定性好，变形小，可利用短小、窄薄的木材制造大尺度的零部件，提高木材利用率，如指接板就是利用齿形榫可以将小块木材拼接成大尺度的板、枋等。多用于地板、门板、家具等的制作。

（二）石材

1. 天然石材

天然石材同木材一样是人类建造活动中所使用的最古老的建筑材料之一，世界上许多古老的建筑和构筑物都是用天然石材建成的。如古埃及的金字塔、古希腊的雅典卫城、古罗马的角斗场、意大利的比萨斜塔、印度的泰姬玛哈陵等。我国传统建筑中的石窟、石塔、石墓等也是用天然石材建造的。此外，中国古代宫殿、祭祀等建筑的基座、栏杆、台阶都采用了石材。现代建筑中一般将石材作为饰面材料，天然石材为人类从天然岩体中开采出来的块状荒料，经锯切、磨光等加工程序制成块状或板状材料。天然石材品种繁多，不同的石材品种具有不同的色彩和纹理。天然岩石根据生成条件，可以分为以下三种。

（1）岩浆岩。也叫火成岩，如花岗岩、正长岩、玄武岩、辉绿岩等都属于岩浆岩的种类。

（2）沉积岩。也叫水成岩，如砂岩、页岩、石灰岩、石膏等都属于沉积岩的种类。

（3）变质岩。如大理岩、片麻岩、石英岩等都属于变质岩。

石材一般按照应用的部位不同也可以分为三大类。

（1）承受机械荷载的全石材建筑，如大型的纪念碑式建筑、塔、柱、雕塑等。

（2）部分承受机械荷载的基础：台阶、柱子、地面等的材料。

（3）最后一类是不承受机械荷载的内、外墙饰面材。饰面材的装饰性能通过色泽，纹理，及质地表现出来的，由于石材形成的原因不同，其质地及加工性能也有所不同，因此应适当的针对石材材质予以注意和保护。

目前建筑工程中常用的饰面石材有以下几种。

（1）大理石。大理石是由石灰石、白云石等沉积变质而成的碳酸盐类石材，其矿物质主要是方解石和白云石，属于中硬材料，比花岗岩容易锯解、磨光、雕琢等加工，图 6-1-4 所展示的就是大理石的一种。大理石的特点是组织细密、坚实，可磨光，颜色品种繁多，花纹美丽变幻，多用于建筑内部饰面，如酒店、办公、商场、机场等公共建筑的地面、墙面、柱面等。但是大理石也有致命的缺点：由于大理石主要化学成分为碳酸盐，易被酸腐蚀，而且耐水、耐风化与耐磨性都略差，所以一般不用于室外装修。多用于室内立面装饰，部分用于地面和洗手台面装饰。大理石常见的品种有：大花白、大花绿、细花的各种米黄石、杉文石、黑白根、珊瑚红等。

图 6-1-4　大理石

（2）花岗石。花岗石的主要矿物成分为长石、石黄、云母等矿物质，属岩浆岩。主要化学成分是SiO，一块儿花岗石的SiO的成分占70%左右。它属于硬石材，优点是材质细密，硬度大，强度高，吸水率小，耐酸性、耐磨性及耐久性好，缺点是耐火性差，使用寿命为75~200年。花岗石由多种矿物质组成，色彩多样，抛光后其花纹为均匀的粒状斑纹及发光云母微粒，是室内外皆宜的高档装修材料之一。一般而言，天然大理石中不含或少含微量放射性元素，而天然花岗石合放射性元素的概率往往要大于天然大理石，某些花岗石中合有超标的放射性元素，因此在室内选用花岗石时要慎重。花岗石板材按形状分普型板材和异型板材两种，按表面加工程度可分为细面板材、镜面板材和粗面板材三种。

①细面板材的特点是表面平整、光滑。

②镜面板材表面经过抛光处理，表面平整，其有镜面光泽。

③糙面板材表面平整、粗糙、防滑效果好。包括具有规则加工条纹的机刨石板材、剁斧板、锤击板和火烧板等。

（3）其他天然石材。其他天然石材如石灰岩（俗称青石、青石板吸水率大）、砂岩（俗称青条石）、板岩、锈板、瓦板等也可用作装饰用石材。这些石材多属沉积岩或变质岩，其构造呈片状结构，易于分裂成薄板。在使用时一般不磨光、表面保持裂开后自然的纹理状态，质地坚密，硬度较大，色彩丰富。

（4）鹅卵石。鹅卵石多用于景观环境中铺设庭园小径，镶嵌拼贴装饰图案，多见于一些山水田园风格或者古色古香的景观环境中，如图 6-1-5 所示，就是鹅卵石所铺的一条小径。除此之外，很多人会将其用于室内外环境装饰和陈设点缀。

图 6-1-5　鹅卵石

2. 人造石材

人造石材是以不饱和聚酯树脂为粘结剂，配以天然大理石或方解石、白云石、硅砂、玻璃粉等无机物粉料，再加入适量的阻燃剂和颜料等，经配料混合、浇铸、振动压缩、挤压等方法成型固化，制成一种具有色彩艳丽、光泽如玉的酷似天然大理石的石材。人造石材是人们根据实际使用过程中，针对天然石材的性能不足而研究出来的，它在防潮、防酸、防碱、耐高温、拼凑性等方面都有很大的改进。

（1）常见种类。按照所使用粘结剂不同，人造石材可分为有机类和无机类两种。按其生产工艺过程的不同，又可分为复合型人造石、亚克力型人造石、聚酯板型人造石三种常见的类型。其中聚酯型最常用，其物理化学性能也最好。

①复合型人造石的特点是韧性较好，自然开裂的现象较少。

②亚克力型人造石具有更高的硬度，更好的韧性，温差大的情况下不会产生自然开裂，但价位偏高。

③聚酯板型人造石的韧性差，温度变化易开裂，表面硬度差，易刮伤。

（2）特点及性能。

①人造石外表光洁，没有气孔、麻面等缺陷，实体面材不渗透，色彩多样，基体表面有颗粒悬浮感，具有一定的透明度。

②具有足够的强度、刚度、硬度，特别是耐冲击性、抗划痕性更好，坚固耐用，不变形，对水、油、污渍、细菌有很强的抵抗力，容易清洗。

③耐久性较好，具有耐气候老化，抗变形和骤冷骤热性好。

④属于环保型材料、无毒、无辐射。

⑤柔韧性好、可塑性强，可加热弯曲成型，拼贴可以使用与其配色的胶水，接缝处施工简便，接缝处不明显，表面整体性强。

（3）人造石产品主要用途。人造石材常用于厨柜台面、卫生间洗手台、窗台台面、门窗套、茶几、餐桌、窗套、装饰墙、腰线、踢脚线、吧台、浴盆、游泳池、隔断板、浴室墙面、LOGO 墙立柱、灯箱、楼梯扶手、电视柜台面等，还可应用于酒店、银行、医院、机场、餐厅、学校等公共场所，也可以浇铸成各种雕塑装饰品、工艺品、礼品牌、招牌、展示牌等，是替代天然大理石和木材的新型绿色环保建材，也是比较受欢迎的装饰材料。

（三）竹、藤材

藤竹材均为热带、亚热带常见植物，特点是生长快，韧性好，可加工性强，因此被广泛用于民间家具、建筑上。现代常用在民间风格的装修和园林绿化中的小景中。另外，用竹皮加工的竹材刨花板、竹皮板、竹木地板等也被广泛用于建筑装修中。藤材、竹编的家具在近年来受到广泛的喜爱，甚至成为回归自然的象征。

1. 竹材

竹材是亚洲的特产，特别是在我国分布最广，种类也非常多，有毛竹、淡竹、苦竹、紫竹、青篱竹、麻竹、四方竹等。竹材的可利用部分是竹竿，竹竿呈圆筒状，中空有节，两节间的部分称为间节。同一根竹竿上每个节间之间的距离也不一样，一般根部处和梢部处密而短，中部较长。竹竿有很强的力学强度，抗拉、抗压能力较木材更优，且有韧性和极好的弹性。抗弯强度好，但缺乏刚性。竹材纵向的弹性模量抗拉为 132000kg/cm^2，抗压为 11900kg/cm^2，平均张力为 1.75kg/cm^2，毛竹的抗剪切强度横纹为 315kg/cm^2，顺纹为 121kg/cm^2。

虽然竹材有这么多优点，但是要将其应用到建筑中去，还需要对其进行一定的加工处理，加工过程一般包括以下几点。

（1）因考虑到竹材容易发霉腐烂的限制，在对其进行加工时，首先要进行防霉防蛀处理，一般用硼砂溶液浸泡，或在明矾溶液中蒸煮。

（2）然后还要进行防裂处理，这个过程有两种办法可以使用。其一就是在未用之前，先将竹材浸泡在水中数月，再取出风干，经水浸泡的竹材可以将其中所合的糖分去掉，这样还可以减少虫害，一举两得。其二，用明矾或石炭溶液蒸煮，也可防裂。

（3）对竹材的表面进行处理。这个处理过程一般分为为油光、刮青或喷漆几种方式。油光是将竿杆放在火上烤，全面加热，至竹液溢满整个表面后，用竹绒或布片反复擦磨，至竹竿油亮即可；刮青，就是用篾刀将竹表面绿色蜡衣刮去，使竹青显露，经刮青后的竹竿，在空气中氧化逐渐加深至黄褐色；喷漆就是可用硝基漆、清漆、大漆等刷涂竹材表面，或涂刷经过了刮青处理的竹材表面。

经上述处理后的竹材即可用来建造房屋和加工竹制品，如图 6-1-6 所示，是用竹材制造的竹地板。竹制品的加工，工艺简单、易行，成为我国南方主要的家具及建筑材料之一。常见的工艺做法有：锯口弯接、插头榫固定、尖角头固定、槽固定、钻孔穿线固定、劈缝穿带、压头、剜口作簿、斜口插榫、四方圈子、斜口插榫、尖头插榫等。

图 6-1-6　竹地板

2. 藤材

藤材为椰子科蔓生植物，盛产于热带和亚热带，分布于我国的广东、台湾等地区。此外，在印度、东南亚及非洲等地均有出产，种类繁多，可达二百余种，其中产于东南亚的藤材质量最佳。藤的茎是植物中最长的，质轻而韧，极富有弹性，一般长至 2 米左右的都是笔直的，常用来制作藤制家具和具有民间风格的室内装饰。

利用藤材制作家具，是我国具有悠久历史的传统技艺，在明代仇十洲的画中就可以找到藤材做成的圆凳。这是充分利用藤材可以弯曲的特点，发挥其材料的特性，做连续环状的交错连接，形成一个玲珑轻巧的框架。由于环状的连续结构，发挥和巩固了藤材的强度，同时，上下两端联结着圆形的板面，构成了一个虚实相间的柱体。如图 6–1–7 所示，就是用藤材编制的家具。

藤材有很多优点：一是质地坚韧，富有弹性，便于弯曲；二是表面润滑光泽；三是纤维组织成无数纵直的毛管状；四是易于纵向割裂，表皮可纵剖成极薄的小皮条，供编织使用；五是有吸湿性，在空气干燥情况下暴露过久，易于折裂；六是抗挫力强。

任何一种天然的材料都有它自身的局限性，纵然藤材有很多优点，但它自身存在局限性也是不可否定的。因此，藤材在精细加工前要经过防霉、防蛀、防裂和漂白处理，原料藤材经加工后可成为藤皮、藤条和藤芯三种半成品原料，为深加工做准备。接下来我们一起来看看这三种原料各自的特点以及它们的分类。

藤皮是割取藤茎表皮有光泽的部分、加工成薄薄的一层，可用机械和手工获得。藤皮按宽度和厚度分类可以分为三种：阔薄藤皮，宽度 6mm~8mm，厚度 1.1mm~1.2mm；中薄藤皮，宽度 4.5mm~6mm，厚度 1mm~1.1mm；细薄藤皮，宽度 4mm~4.5mm，厚度 1mm~112mm。藤条按直径的大小分类，一般以 4mm~8mm 直径的为一类，8mm~12mm、12mm~16mm 以及 16mm 以上的藤条为另外几类，各类都有不同的用途。藤芯是藤茎去掉藤皮后剩下的部分，根据断面形状的不同，可分为圆芯、扁平芯、方芯和三角芯等数种。藤材首先要经过日晒，在制作家具前还必须经过硫磺烟熏处理，以防虫蛀。对色泽及质量差的藤皮、藤芯还可以进行漂白处理。

图 6-1-7　藤制家具

（四）陶瓷

陶瓷是一种历史悠久的材料，主要是由黏土等材料烧制而成，既具有造型的灵活性又具有耐久性。陶瓷制品由于性能优良、坚固耐用、防水防腐且颜色多样、质感丰富，已经成为现代建筑的重要装饰材料。下面我们就来研究以下“陶瓷”，对它做一个深入的了解。

1. 陶瓷的种类

建筑陶瓷制品主要包括墙地砖、卫生陶瓷、琉璃制品等。按坯体的性质不同，我们常将陶瓷分为陶质、瓷质以及炻质三类。其中，陶制陶瓷的特点是多孔、吸水率大，颜色分为白色或白色不透明；炻质介于瓷质和陶质之间，一般吸水率小，有色不透明；瓷质的特点是坯体致密，不吸水，颜色为白色半透明。下面我们就具体论述这三种陶瓷制品的特点。

（1）陶质。陶是由黏土烧制成的一种古老的材料，拉丁文中“陶”的意思是“烧过的黏土”，陶器制作是人类最古老的手艺之一。根据目前我们所了解的历史，人类最早的陶器出现于约 9000 年前的西亚，从远古时代起陶就被当作墙面基本装饰材料，作为屋面瓦或地面砖加以使用。我国也有使用“秦砖汉瓦”的悠久历史。陶制品由陶土烧制而成，陶的烧结程度较低，断面粗糙无光，内部为多孔结构，有一定的吸水率，底胎不透明，敲之声音粗哑，硬度、机械强度低于瓷器。根据其原料土的杂质含量以及烧制温度，陶可以分为精陶和粗陶两种，建筑饰面用的釉面砖以及卫生陶瓷等多为精陶，对这两种陶瓷制品接下来我们会做详细了解。烧结黏土砖、瓦等均为粗陶制品。陶质制品既可施釉也可无釉。陶质制品由于吸水率较大，因此耐冻、融循环性差，再加上其耐磨性不强，所以一般不宜用于外墙和地面的铺贴。

（2）炻质。炻质是介于陶质和瓷质之间的一种制品，也称半瓷或石胎瓷。坯体致密、坚硬、孔隙率低、吸水率较小，坯体多数带颜色且无透明性，多棕色、黄褐色或灰蓝色。目前：大多数建筑外墙砖及地砖为此类产品。

（3）瓷质。瓷器最早产生于我国东汉时期的长江流域，距今大约有三千多年的历史，中国宋代的官、哥、汝、定、钧五大名窑以辉煌灿烂的成就，被列为世界文化宝库中的精品。瓷器采用瓷土经高温烧制而成，素坯大致为白色，有半透明性，敲之有金属声。由于烧制温度较高，质地坚硬、耐磨、机械强度大、结构致密，基本不吸水。实际上，从陶器、炻器到瓷器在原料和制品性能的变化上是连续和相互交错的，它们的原料由粗到细，烧结温度由低到高，坯体结构由多孔到致密；因此很难有明确的区分界限，彼此差别也不是很清晰，建筑用陶瓷多属陶器至炻器之间的产品。

2. 常用陶瓷墙地砖

陶瓷墙地砖是建筑陶瓷中的主要品种，是用于建筑物内外墙面、地面铺装的薄顿状陶瓷制品。早在古罗马时代，瓷砖就曾出现在公共浴室和家庭当中。作为建筑材料，陶瓷具有强度高、耐久、防水以及容易保养等优点，但也有不吸音，触感冷硬以及容易滑倒等隐患。陶瓷墙地砖具有多种形状、尺寸和质地可供选择，其表面为配合不同的设计理念，可利用彩绘、不同的模具和釉面配方，设计出不同色彩和凹凸的肌理、质感变化。形成平面、麻面、单色、多色以及浮雕等图案，有些还可具金属光泽，仿石材、木材、织物等的色彩、质感等表面特征。外形多为具模数的方形、长方形、六角形等，铺贴后整齐划一，还可以通过不同的铺设方式形成不同的整体外观效果，砖的背面则通常有凹凸条纹以利于牢固粘贴。现今的墙地砖瓷化程度也越来越高，甚至完全瓷化和呈玻璃质地。

（1）缸砖。缸砖是一种炻质无釉砖，质地坚硬、耐磨、耐冲击、吸水率小。由于胚体含有渣滓或人为掺入着色剂，缸砖多呈红、绿、蓝、黄等色。

如图 6–1–8（a）所示，就是用缸砖铺的地面。

（2）釉面砖。釉面砖指表面烧有釉层的陶瓷砖，又称作内墙贴面砖、瓷砖、瓷片，属于精陶类制品。如图 6–1–8（b）所示，就是釉面砖的应用。釉面砖的颜色和图案丰富，它不仅具有美化效果，还可以封住陶瓷胚体的孔隙，使其表面平整、光滑，而且不吸湿，提高防污效果。釉面砖以黏土、长石、石英、颜料及助熔剂等为原料烧成，其表面的釉性质与玻璃相类似，主要用于建筑物的内、外墙和地面的铺贴。此外，有些种类的面砖还配有阴角、角、压条等，用于转弯、收边等位置的处理。由于釉面砖容易受到磨损而失去光泽，甚至露出底胎，因此在铺设地面时，要慎重选择使用。

（a）

（b）

图 6–1–8　缸砖地面和釉面砖墙面

（3）通体砖。通体砖是一种本色不上釉的瓷质砖，硬度高，耐磨性极好。如图 6–1–9 所示，就是通体砖的一种应用。通体砖可以分为很多种类，其中渗花通体砖图案、颜色、花纹丰富，并深入坯体内部，长期磨损也不会脱落，但制作时留下的气孔很容易渗入污染物而影响砖的外观。通体砖表面经抛光处理后就成为抛光砖，尤其适用于人流量较大的商场、酒店等公共场所的地面及墙面铺贴。

图 6-1-9 通体砖墙面

（4）玻化砖。玻化砖就是优质瓷土通过高温烧结，使砖中的熔融成分呈玻璃质而制成的全瓷化不上釉的高级铺地砖。这种砖的特点是高强度，超耐磨，是所有瓷砖中最硬的一种。如图 6-1-10 所示，就展示了玻化砖的一张应用。

图 6-1-10 玻化砖地板

（5）陶瓷锦砖。陶瓷锦砖俗称马赛克，又称纸皮砖。用优质瓷土为原料，经压制烧成的片状小瓷砖，表面一般不上釉，属于瓷质类产品。1975年，原国家建委建筑材料工业局根据实际用途的需要，在统一建筑陶瓷产品名称时，把陶瓷马赛克定名为“陶瓷锦砖”，是一种具有多种色彩、各种形状的小块陶瓷薄片。它的边长一般不大于40mm，自重轻，色彩质感多样丰富，表面带釉或不带釉，利于镶拼成各种花色、图案，甚至可拼成具象的图形，对于弧形、圆形表面可进行连续铺贴。由于出厂时已按特定的花色图案成联地反贴于牛皮纸或网格纤维上，又被称为“纸皮砖”，可用作内外墙及地面装饰。陶瓷锦砖质坚、耐火、耐腐蚀、吸水率小、易清洗，可适合建筑物内外墙及地面装饰使用。

（6）劈离砖。劈离砖20世纪60年代最先在原联邦德国兴起和发展，又称劈裂砖、劈开砖、双层砖。是将一定配比的原料经粉碎、炼泥，真空挤压成型，经干燥、高温烧制而成。由于成型时为双砖背连的坯体，烧成后再劈成两块，故称劈离砖。劈离砖表面粗糙，具有强度高、吸水率低、表面硬度大、耐磨、耐压、耐酸碱、防滑等特点，表面可上釉或不上釉色彩丰富，质感多样。适用于建筑物的内外墙面，地面，踏步的铺贴等。

（7）微晶石。微晶石又称微晶玻璃，在国外开发已有近30多年的时间。微晶石采用优质微晶材料与优质瓷质坯底等原料经高温烧结、压延等工艺复合而成，比天然石材具有更高的强度。其吸水率几乎为零，结构致密、高强、耐磨、耐蚀、纹理清晰，色彩丰富、无色差、不褪色、无放射、无污染，还可通过加热的方法弯曲成弧形板，在质地、花色、彻底防污、防酸碱等性能方面超过大理石、花岗岩和陶瓷玻化砖。因此被认为是可以替代石材、陶瓷，用于建筑墙面、地面、柱面铺贴的高档装饰材料。

（8）陶板。陶板幕墙最初起源于德国，主要用作幕墙材料，近年来开始在室内墙面上使用。陶板是以天然陶土为主要原料，添加少量石英、浮石、长石及色料等其他成分，经过高压挤出成型、低温干燥及1200度的高温烧制而成，具有绿色环保、无辐射、色泽温和、不会带来光污染等特点。陶板的颜色可以是陶土经高温烧制后的天然颜色，通常有红色、黄色、灰色、咖啡四个色系，颜色非常丰富，能够满足建筑设计师和业主对建筑墙面颜色的选择要求。色泽莹润温婉，有亲和力，耐久性好。按照结构，陶土幕墙产品可分为单层陶板与双层中空式陶板以及陶土百叶；按照表面效果分为自然面、喷砂面、凹槽面、印花面、波纹面及釉面。双层陶板的中空设计不仅减轻了陶板的自重，还提高了陶板的透气、隔音和保温性能。

3. 卫生陶瓷

卫生陶瓷是指具有一定使用功能的陶瓷制品，包括陶瓷洁具、陶瓷器皿、陶瓷艺术，其中陶瓷洁具和陶瓷器皿以使用功能为主，陶瓷艺术尽管有实用功能，但其观赏性更为人们所重视。我们一起来看看它们各自的特点。

（1）陶瓷器皿。日用陶瓷是陶瓷中应用最广的产品，也是人们日常生活中不可缺少的生活必备品。它们种类、花色齐全，惹人喜爱，质地或细腻或粗糙，釉色变化丰富，不上釉的产品亦是能体现自然、纯粹的率真。如图 6-1-11 所示，是陶瓷制造的一个花盆，盆体晶莹，颜色亮丽，非常漂亮。

（2）陶瓷艺术。陶瓷器皿以单件艺术品形式出现时就成了一种陶瓷艺术。由于陶瓷的原料可塑性极强，可画、可塑、可细、可糙，因而成为艺术家进行创作的极好原料。陶艺作品既有实用性又可欣赏，亦可作为大型艺术品登上大雅之堂，是艺术与生活结合的产物。如图 6-1-11（2）所示，就是一幅陶瓷艺术品，颜色鲜艳丰富，充满艺术感，挂在室内定能营造出一种独特的气氛。

（1）　　（2）

图 6-1-11　陶瓷花盆与陶瓷艺术品

（3）陶瓷洁具。陶瓷洁具是以陶土或瓷土制胚并烧制出来的卫生洁具用品，是洁具中品质最好的，具有质坚、耐磨、耐酸碱、吸水率小、易清洗等优点。不仅如此，其形式、种类丰富，色彩也很多，以白色为最常用。

4. 陶瓷壁画、壁雕

陶瓷壁画、壁雕是用陶瓷锦砖烧制而成，有的将原画放大，制板刻画、施釉烧成等技术与艺术加工而成，有的用胚胎素烧，釉烧后，在洁白的釉面砖上用色料绘制后再高温熔烧而成。壁雕，是以浮雕陶板及平陶板组合镶嵌而成。如图 6-1-12 所示，就是一幅陶瓷壁画，温暖的颜色营造出一种温馨的气氛。

图 6-1-12　陶瓷壁画

（五）玻璃

玻璃的制造工艺开始出现于公元前 2000 年左右的中东地区，玻璃在建筑中的使用也较早，但由于当时价格的昂贵，这种使用并不常见。在古罗马时代，平板玻璃作为建筑装饰材料是安装在公共浴室的窗户上；1000 多年前的拜占庭教堂则是使用玻璃制成的马赛克来铺装墙面、天花及地面；中世纪的哥特式宗教建筑中，大面积的彩色玻璃被用来代替墙面进行采光和装饰室内，为室内带来了神奇的宗教气氛。

玻璃是一种坚硬、质脆的透明或半透明的固体材料，主要由石英砂、纯碱、长石、石灰石等原料经高温熔解、成型、冷却而制成，从化学角度来看，玻璃与陶瓷或釉料的某些成分相似。通过加热或熔化玻璃具有高度可塑性和延展性，可以被吹大、拉长、扭曲、挤压或浇铸成各种不同的形状，冷玻璃也可以切割成片来进行黏合、拼接和着色。

玻璃具有优良的光学性能，既会透过光线，也会反射和吸收光线，玻璃的反映光线和自然环境的性质使其本身就具有很高的装饰作用。现代建筑中，玻璃已成为设计师们不可缺少的建筑装饰材料，其性能特点也在特定环境中被发挥得淋漓尽致，为空间带来了前所未有的开放观念，满足了人类对光和对透明、扩大视野的渴求，改善了建筑内部与外部的相互关系，同时也改变了人类与空间、光与自然的关系。多数情况下，我们的眼睛看到的与其说是透明玻璃，不如说透过它去看玻璃围起的空间或空间以外的空间。

目前，玻璃已由单一的采光功能向多功能方向发展，通过某些辅助性材料的加入，或经特殊工艺的处理，可制成具有特殊性能的新型玻璃，如用于减轻太阳辐射的吸热玻璃、热反射玻璃、光敏玻璃、热敏玻璃，用于保温、隔音的中空玻璃等，来达到节能、控制光线、控制噪音等目的，通过雕刻、磨毛、着色及铸以纹理等方式还可提高其装饰效果，玻璃制造的镜片可扩大空间的视觉尺度，兼具装饰性和实用性的玻璃品种不断出现。

玻璃有很多种类，这里我们主要讨论平板玻璃、玻璃砖和玻璃马赛克三种类型，关于其他的玻璃种类有兴趣的读者可以借鉴相关参考资料文献。

1. 平板玻璃

平板玻璃即平板薄片状玻璃制品，是现代建筑工程中应用量较大的材料之一，也是玻璃深加工的基础材料。通常是透明、无色、平整、光滑的，但也可以是毛面、碎纹、螺纹或波纹的，可以控制光线和视野，能够在采光的同时满足私密性要求。

平板玻璃又可以分为很多类型，这里我们列举了几种，下面我们一起来看看它们各自都有什么特点。

（1）透明玻璃。透明玻璃又称白片玻璃或净片玻璃，大量用于建筑采光。主要用于装配建筑门窗，制造工艺有垂直引上法、平拉法、对辊法、浮法等，目前国内外主要使用浮法生产玻璃。如图 6-1-13 就是透明玻璃的一种应用。

图 6–1–13　透明玻璃鱼缸

（2）毛玻璃。毛玻璃是经研磨、喷砂或氢氟酸溶蚀等加工方式，使表面成为均匀粗糙的平板玻璃。毛玻璃可以分为磨砂玻璃、喷砂玻璃和酸蚀玻璃三种，其中，用硅砂、金刚砂、石榴石粉等作研磨材料，加水研磨而成的称磨砂玻璃；用压缩空气将细砂喷射到玻璃表面，产生毛面的玻璃称喷砂玻璃；用酸溶蚀的称酸蚀玻璃。由于其表面粗糙，会使透过的光线产生漫射，虽然透光但不透视，既保持私密性，还使室内光线柔和而不致眩光刺眼。多用于办公空间、医院、卫生间的门窗、隔断等处及灯具玻璃的制造。如图 6–1–14 所示，就是毛玻璃的一种。

图 6–1–14　毛玻璃

（3）压花玻璃。压花玻璃是将熔融的玻璃在冷却硬化前，用刻有图案花纹的辊筒在玻璃的单面或两面压延出深浅不一的花纹，又称花纹玻璃或滚花玻璃，不但图案具有装饰效果，其表面的凹凸不平还会使透过的形象受到歪曲而模糊不清，利于形成私密性。多用于办公空间、医院、卫生间的门窗、隔断等处。

（4）刻花玻璃。刻花玻璃是由平板玻璃经涂漆、雕刻、围蜡、酸蚀、研磨而成。如图 6-1-15 所示，就是刻花玻璃的一种应用。刻花玻璃与压花玻璃制作工艺类似，但图案立体感要比压花玻璃强，似浮雕一般，主要用于高档场所的室内隔断或屏风。

图 6-1-15　刻花玻璃

（5）镀膜玻璃。具有较高热反射能力而又保持良好透光性能的平板玻璃，又称热反射玻璃。遮光隔热性能良好，不仅可以节省空调能源，还能起到良好的装饰效果。在这种玻璃的表面镀覆金、银、铝、铜、镍、铬、铁等金属或非金属氧化物薄膜，或以某种金属离子置换玻璃表层中原有离子而制成的热反射膜。多用于建筑的门窗和幕墙，具有单向透像性能，迎光面具有镜子特征，背光面又如普通玻璃般透明，对室内能起到遮蔽和帷幕作用，白天时室内可以看到室外，室外看不清室内，还可以映现周围景色，为城市景观增色，但有时会使景象的颜色失真，使用面积过大、过多也容易造成“光污染”。

（6）镜面玻璃。镜面玻璃就是我们日常生活中使用的镜子，是玻璃表面通过化学或物理等方法形成反射率极强的镜面反射玻璃制品。如图 6-1-16 所示，就是镜面玻璃的一种应用。用于装饰工程中的镜子，为提高装饰效果，在镀镜之前可对原片玻璃进行彩绘、磨刻、喷砂、化学蚀刻等加工处理，形成具有各种花纹图案或精美字画的镜面玻璃。在装饰工程中常利用镜子的反射和折射来增加空间距离感，或改变光照的强弱效果。

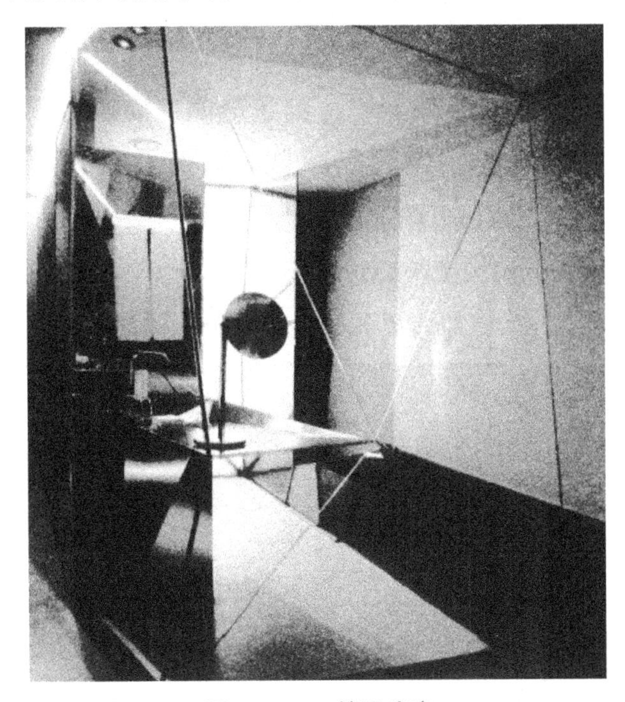

图 6-1-16　镜面玻璃

2. 玻璃砖

玻璃砖问世时于 20 世纪 30 年代，当时非常流行，现在又再度兴起。如图 6-1-17 所示，就是玻璃砖的展示图。玻璃砖的外观有正方形、矩形和各种异形，分空心和实心两种，空心玻璃砖由两块凹型玻璃相对融接或胶结而成，中间空腔充有干燥空气。玻璃砖具有强度高、耐火、隔热、隔声、防水等多种优良性能。可以是平光的，也可以内或外铸有花纹，由于内部铸有花纹或凹凸起伏而使光线产生漫射，可控制视线透过和防止眩光。由于是合模数制的材料，玻璃砖也可以像砖块那样用灰浆砌筑，多用来砌筑非承重隔墙、透光隔墙，根据需要还可砌筑成曲线，如酒店、浴室、办公等多种空间的内外隔墙、隔断等处。

图 6-1-17　玻璃砖

3. 玻璃马赛克

玻璃马赛克是以玻璃为基料制成的一种小规格的彩色饰面玻璃，我国现用名称为玻璃锦砖。一般尺寸为 20mm × 20mm、40mm × 40mm，厚度为 4mm ~ 6mm 左右，背面四周呈楔形斜面，并有锯齿或阶梯状的沟纹，以利粘贴。有透明、半透明、不透明三种，颜色丰富，有的还有金银斑点，质地坚硬，性能稳定。由于出厂时已按设计要求成联铺贴在纸衣或纤维网格上，因而施工方便，对于弧形墙面、圆柱等处可连续铺贴，可镶拼成各种色彩、图案，可用于内、外墙和地面的铺贴。如图 6-1-18 所示，就是玻璃马赛克的一种应用。

图 6-1-18　玻璃马赛克

（六）织物

织物是以纤维为主要原料，用手工或机械手段编织或通过挤压成型等方式制成的柔性材料。织物材料按纤维的种类基本可以分为两种，即天然纤维和化学纤维。下面我们来仔细分析一下这两种纤维都有什么区别。

天然纤维主要来自植物和动物，包括棉、麻、丝、毛等。由于天然纤维不易获得，所以加工成本较高。

化学纤维又可以分为人造纤维和合成纤维。人造纤维是从一些经过化学变化或再生过程的天然产物中提取出来的，合成纤维则主要来自石油化工制品，如尼龙等。

织物可由一种纤维制成，也可以由两种或多种纤维混纺而成，这样做的好处就是可以扬长避短，改善纺织品的特性，增加强度以及抗污能力。织物的艺术感染力来自材料的质感、纹路、色彩和图案等特征以及通过打褶、折叠、拉伸等方式形成的松软、自然的独特外观，织物不但会带给我们轻柔、亲切感，柔化室内空间，还具有控制噪音以及保暖等作用。

织物的应用也是具有悠久的历史了，在中国古代，从宫廷到民居、从神殿到庙宇等室内空间，纺织物的运用已经基本趋于普遍。《周礼·天宫》中就已有幕人“掌帷、幕、幄、帟、绶”的记载，其中帷、幕、幄都是围合空间的帐幕，帟是用于承尘的平幕，绶是系帷幕的丝带。室内空间中的织物主要用于室内墙面、地面、天花及门窗帘、家具蒙面、床上用品等处。像婚丧喜庆时张灯结彩，寺庙中的旗幡、佛帐，官邸、宫殿中的幔帐、床帐，可以相当容易地填补、分隔空间，改变空间层次，起到烘托、渲染环境气氛的作用。

（七）金属

金属材料是指一种或一种以上的金属或金属元素与某些非金属元素组成的合金的总称。与其他材料相比，金属具有较高强度、优良的力学性能、坚固耐用，这一优势使得金属可以做成极细的断面又可以保持较高强度。金属表面具有独特外观，通过不同加工方式，可形成具有光泽感和夺目的亮面、亚光面以及斑驳的锈蚀感。金属的加工性能良好，可塑性、延展性好，可制成任意形状，也许除了塑料，没有其他材料可以被塑造成如此多的形状。金属具有极强的传导热、电的能力。大多数暴露在潮湿空气中的金属需作保护（喷漆、烤漆、电镀、电化覆塑等），否则很快即会生锈、腐蚀。金属还可通过铸锻、焊接、穿孔、弯曲、抛光、染色等多种工艺对其进行加工，赋予其多样的外观。

人类使用金属已有几千年的历史，远在古代的建筑中就开始以金属作为建筑材料，至于大量的应用，特别是以钢铁作为建筑结构的主要材料则始于近代。1775年至1779年，第一座生铁桥建造于英国塞文河上，而真正以铁作为房屋的主要材料，起初是应用于屋顶上，如1786年巴黎的法兰西剧院，后来，1851年由英国的帕克斯顿设计的“水晶宫”，1889年法国巴黎世博会中的埃菲尔铁塔与机械馆，都成功地将铁运用在建筑领域。现在，钢铁与木材、水泥、塑料被并称为现代建筑的四大建材。金属一般分为黑色金属和有色金属两大类。用于建筑装饰的金属材料主要有钢、铁、铜、铝及其合金，特别是钢铁和铝合金被广泛用于建筑工程。这些金属材料多被加工成板材、型材来加以使用。

1. 黑色金属材料

黑色金属指的是铁及其合金，下面我们就一起来讨论一下铁及其合金——钢材的应用历史和特点。

（1）铁。铁的使用在人类历史上具有划时代的意义，在铁被用作建筑材料之前，就已被制成各种工具及武器。铁材有较高的韧性和硬度，主要通过铸锻工艺加工成各种装饰构件，对于铁在建筑装饰及结构上的运用，在维多利亚时期及新艺术运动时期就进行过积极探索，常被用来制作各种铁艺护栏、装饰构件、门及家具等。含碳2%～5%的称为铸铁，铸铁是一种历史悠久的材料，硬度高，熔点低，多用于翻模铸造工艺，将其熔化后倒入型沙模可以铸成各种想要的形状，是制造装饰，雕刻的理想材料，一旦模子做好后，重复一个复杂的设计既廉价又高效便捷；含碳0.05%～0.3%的铁称为锻铁，这种铁的的特点是硬度较低，熔点较高，多用于锻造工艺。

（2）钢材。钢材是由铁和碳精炼而成的合金，和铁比较，钢具有更高的物理和机械性能，材质坚硬、有韧性，有较强的抗拉能力和延展性。大型建筑工程中钢材多用以制成结构框架，如槽钢、工字钢、角钢等各种型钢和钢板等。钢在冶炼过程中，加入铬、镍等元素，会提高钢材耐腐蚀性，这种以铬为主要元素的合金钢就称为不锈钢。目前，建筑装饰工程中常见的不锈钢制品主要有不锈钢薄板及各种管材、型材。不锈钢板厚度在 2mm 以下使用最多，其表面经过不同处理可形成不同的光泽度和反射性，如镜面、雾面、拉丝、镀钛以及花纹板等。

为提高普通钢板的防腐和装饰性能，近年来又开发了彩色涂层钢板、彩色压型钢板等新型材料，表面通过化学制剂浸渍和涂覆以及辊压（由彩色涂层钢板、镀锌钢板辊压加工成纵断面呈“V”或“U”形及其他类型，由于断面为异形，故比平板增加了刚度，且外形美观）等方式赋予不同色彩和花纹，以提高其装饰效果。不锈钢制品多用于建筑屋面、门窗、幕墙、包柱及护栏扶手，不锈钢厨具、洁具、各种五金件、电梯轿厢板的制作等。吊项中大量使用的轻钢龙骨、微穿孔板、扣板也多是由薄钢板制成。

2. 有色金属材料

有色金属指的是非铁金属及其合金，这里我们列举了铝合金和铜两种有色金属材料。

（1）铝合金。铝属于有色金属中的轻金属，银白色，重量极轻，具有良好的韧性、延展性、塑性及抗腐蚀性，对热的传导性和光的反射性良好。纯铝强度较低，为提高其机械性能，常在铝中加入铜、镁、锰、硅、锌等一种或多种元素制成铝合金。对铝合金还可以进行阳极氧化及表面着色以及轧花等处理，可提高其耐腐及装饰效果。铝合金广泛用于建筑装饰和建筑结构。铝合金管材、型材，多用于门窗框、护栏、扶手、顶棚龙骨、屋面板、各种拉手、嵌条等五金件的制作；铝合金装饰板多用于墙体和吊顶材料，包括铝塑复合板、铝合金扣板、微孔板、压型板、铝合金格栅等。

（2）铜。铜是一种古老的建筑材料，是人类最早使用的金属材料之一。早在商代及西周时期，人们就已经开始用铜制造各种物件了，他们利用青铜熔点低、硬度高、便于铸造的特性，为我们留下大量造型优美、制作精良的艺术精品。铜耐腐蚀，塑性、延展性好，也是极好的导电、导热体，广泛用于建筑装饰及各种零部件的制造。铜是一种高雅华贵的装饰材料，它的使用会使空间光彩夺目，富丽堂皇，一般多用于室内的护栏、灯具、五金的制造。但是制造这些东西用的都不是纯铜，纯铜较软，制造东西使硬度不够。所以为了改善其力学性能，常会加入其他金属材料，制成铜合金。根据合金的成分铜合金又可以分为黄铜、青铜、白铜等。

纯铜表面氧化后呈紫红色，故称紫铜；铜与锌的合金，呈金黄色或黄色，称黄铜，不易生锈腐蚀，硬度和机械强度高、耐磨性、延展性好，用于加工成各种建筑五金、镶嵌和装饰制品、水暖器材等；另外，加入锡和铝等金属制成的青铜，也具有较高机械性能和良好的加工性能。

（八）装饰卷材

顾名思义，装饰卷材是指那种可以卷起来存放的软质装饰面材，主要有壁纸、地毯这两大类，在现在的室内环境设计中使用比较广泛。接下来我们就从这两方面开始论述，详细讨论一下这两种装饰卷材。

1. 壁纸

壁纸又称墙纸，是室内装修中使用最广泛的界面，一般会用于墙面或天花的装饰。壁纸图案丰富、色泽美观，通过印花、压花、发泡等工艺可制成各种仿天然材料和各种图案花色的壁纸。壁纸具有美观、耐用、易清洗、施工方便等特点。一般按基材的不同可以分为天然材料壁纸、纺织物壁纸、金属壁纸、纸基壁纸、塑料壁纸五种类型，接下来我们就详细论述了这五种类型壁纸的相关内容。

（1）天然材料壁纸。可以制成天然材料壁纸的材料有很多，有用草、麻、木材、树叶、草席等经过复合加工制成的，也有用珍贵树种薄木制成的。这种壁纸具有阻燃、吸音、散潮湿、不吸气、不变形的优点。其产品材质自然、古朴，风格淳朴自然，给人以亲切、高雅的感觉，是一种高档装修材料。

（2）织物壁纸。织物壁纸是以丝、羊毛、棉、麻等纤维织成面层，以纱布或纸为基材，经压合而成，并浸以防火、防水膜，是室内装饰材料中的上等材料。织物壁纸的特点是，天然动植物纤维或人造纤维有良好的手感和丰富的质感，色调高雅，无毒、无静电、不褪色、耐磨、吸声效果好，给人以高尚、雅致、柔和的印象。如图 6-1-19 所示，是丝绸所制的壁纸，是织物壁纸中的一种。

图 6-1-19　丝绸壁纸

（3）金属壁纸。金属壁纸是以纸为基材，在基层上涂有金属膜，经过压合、印花制成。金属壁纸有光亮的金属质感和反光性，给人以金碧辉煌、庄重大方的感觉，适合在气氛热烈的场合使用。如图 6-1-20 所示，就是金属壁纸的一种。

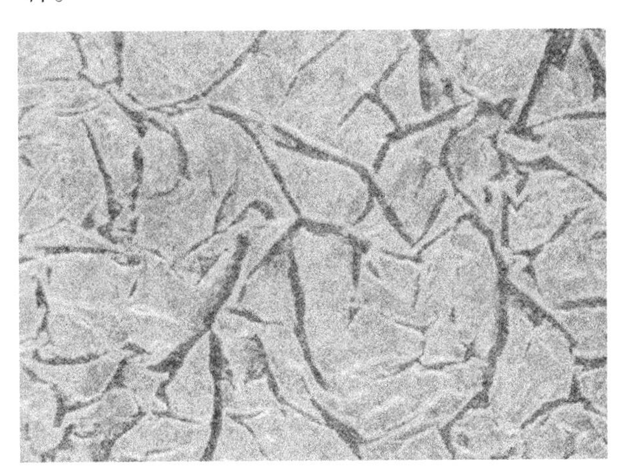

图 6-1-20　金属壁纸

（4）纸基壁纸。纸基壁纸是发展最早的纸，纸面可以印图案、压花。纸基壁纸的优点是保持壁纸的透气性，相比较一般的壁纸来说，它能比较容易地使墙体基层内的水分散发，不致引起壁纸的变色、鼓包等现象；但该类壁纸的缺点就是不耐水、不能清洗、易断裂，不便于施工。改性处理后其性能有所提高，是现在使用的壁纸中既环保又高档的产品。

（5）塑料壁纸。塑料壁纸以木浆纸为基材，PVC 树脂为涂层，经过压合印花或发泡处理制成。塑料墙纸原料易得，制作工艺比较简便，而且价格便宜，因此比较受欢迎，是发展最迅速、应用最广泛的墙纸类型，约占墙纸产量的 80%。塑料壁纸按生产工艺又可以分为仿真塑料壁纸、特别塑料壁纸、发泡壁纸和非发泡墙纸这四种类型的壁纸，下面我们一起来看看这四种壁纸各有什么特色。

①仿真塑料壁纸。仿真塑料壁纸是以塑料为原料，用技术工艺手段，模仿砖、石、竹编物、瓷板及木材等真材的纹样和质感，加工成各种花色品种的饰面墙纸。仿砖、石、竹编物、瓷板及木材等，工艺加工手段不同，目的是尽量做成以假乱真的效果。

②特种塑料壁纸。特种塑料壁纸有耐水、防结露、防火、防霉等品种。以玻璃纤维毡为基材，适合用卫生间、浴室等，为耐水塑料壁纸；以 $100g/m^2$ ~ $200g/m^2$ 石棉作基材，在 PVC 涂料中掺入阻燃剂的为防火壁纸；在聚氯乙烯树脂中加防霉剂，适合在潮湿地区使用的为防霉壁纸：防结露纸则是在树脂层上带有许多细小微孔的壁纸。

③发泡壁纸。它以 $100g/m^2$ 的纸为基材，涂塑 $300g/m^2$ ~ $400g/m^2$ 掺和发泡剂的 PVC 糊状料，印花后再加热发泡而成。这类壁纸有高发泡印花、低发泡印花、低发泡印花压花等品种。这几个品种的壁纸虽然都属于发泡壁纸，但是制作过程也是有所差异的。其中，高发泡壁纸发泡倍率较大，表面呈富有弹性的凹凸花纹，有装饰、吸声功能。低发泡印花壁纸是在发泡平面印有图案的壁纸；低发泡印花压花壁纸是用有不同抑制发泡作用的油墨印花后再发泡，使表面形成具有不同色彩的凹凸花纹图案。

④非发泡墙纸。这类壁纸是以 $80g/m^2$ 的纸为基材，涂塑 $100g/m^2$ PVC 糊状树脂，经印花、压花而成。它的特点是花色品种多，适用面广。单色压花壁纸，经凸版轮转热轧花机加工，可制成仿丝绸，织锦缎等。

2. 地毯

地毯是以动物纤维（多为羊毛等麻、丝、人造纤维材料）为原料，经手工成机械编织而成的用于地面及墙面装饰的纺织品。根据地毯使用材料的不同，可以分为纯毛地毯、混纺地毯和化纤地毯。下面我们将对这三种地毯的内容进行详细论述。此外，还有用塑料制成的塑料地毯和用草、麻及其他植物纤维加工制成的草编地毯等。根据地毯表面织法的不同可以分为素花、几何纹样毯、乱花毯和古典图案毯；根据断面形状的不同则可以分为高簇绒、低簇绒、粗毛低簇绒、一般圈绒、高低圈绒、粗毛簇绒、圈簇绒结合式地毯。

（1）纯毛地毯。纯毛地毯，也就是羊毛地毯，绒毛的质与量决定地毯的耐磨程度，耐磨性常以绒毛密度表示，即每平方厘米地毯上有多少绒毛。纯毛毯分为手织与机织，前者昂贵。

（2）混纺地毯。混纺地毯品种极多，常以毛纤维和其他各种合成纤维混织，如羊毛纤维中加 20% ~ 30% 的尼龙纤维，其耐磨性可提高 5 倍，也可加入聚丙烯腈纶纤维等合成纤维混纺织成。

（3）化纤地毯。化纤地毯是以丙纶、腈纶纤维为原料，经机织制成面层，再与麻布底层溶合在一起制成。品质与触感极类似羊毛，耐磨而富有弹性，经特殊处理后可具防火阻燃、防污、防静电、防虫等特点。由于防火尼龙熔点可达 37℃，完善的防污处理，用户可大胆使用纯白色地毯。

（九）建筑塑料

塑料是指以合成树脂或天然树脂为主要原料，与其他原料在一定条件下经混炼、塑化、成型，且在常温下保持其形状不变的材料。塑料具有许多优于其他材料的性能，如原料的来源丰富，耐腐蚀性强，电、热绝缘，质轻等。塑料可呈现不同的透明度，还容易赋予其丰富色彩，在加热后可以通过模塑、挤压或注塑等手段而相对容易地形成各种复杂的形状、肌理表面。通过密度的控制还可使其变得坚硬或柔软。但是任何事物都有两面性，都有优点和缺点，塑料也是一样。它的缺点是易老化、耐热性差、易燃和含有毒性、韧度较低等缺点。尤其是“含毒性”这一特点，使得塑料的使用空间大大减小，因为塑料具有易燃的特点，燃烧时会释放出致命的有毒气体，对人体健康和环境都有很大的破坏力。

塑料作为建筑材料使用可以追溯到 20 世纪 30 年代，那时使用的是被称作“电木”的酚醛树脂，通过添加填料及改性制成灯头、插座、开关等绝缘材料。50 年代后，随着石油化工的发展，产品的品种和产量不断增加，塑料开始显示出巨大的生命力和开发潜力，并形成了庞大的聚合物材料家族，应用到众多的领域，逐渐被加工成各种建筑材料制品，特别是建筑装饰材料。当今的建筑工程中塑料被广泛地加以应用，几乎遍及各个角落，并逐渐成为今后建材发展的重要趋势之一，成为传统木材、金属等材料的替代品。

塑料不仅可以作为建筑材料，还可以做成各种装饰品。例如下面三种装饰板就是塑料制成，下面我们一起来看看它们的特点和功能吧。

（1）防火胶板。防火胶板是将多层基材浸渍于树脂溶液中，在高温、高压下制成的胶板，其表面的保护膜具有强度高、耐烫、耐燃烧、防水、耐磨、耐酸碱，以及防止酒精等溶剂浸蚀的功能，且花纹色彩种类繁多，表面有镜面型和柔光型，多用于家具饰面。图 6-1-21 就展示了防火板的几种常见类型。

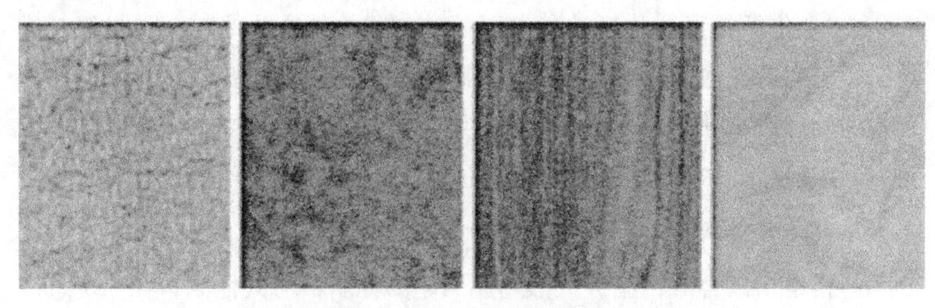

图 6-1-21　防火板的种类

（2）覆塑装饰板。以塑料贴面板或塑料薄膜为面层，贴在木材、金属等基材板上制成，如千思板。

（3）阳光板。又称 PC 板、玻璃卡普隆板，以聚碳酸酯为基材制成，有中空板、实心板、波纹板，重量轻、透光性好、刚性大、隔热保温效果好、耐候性强等优点，多用于采光天花的使用。

（十）墙体材料

墙体材料是指用来砌筑墙体的材料。这里我们主要论述了两种墙体材料：烧结类和非烧结类墙体材料。下面我们一起来看看它们各自又包括哪些内容。

1. 烧结类墙体材料

烧结类墙体材料是通过烧烤而成的用来砌筑墙体的块状材料，有烧结普通砖、烧结多孔砖、空心砖和空心砌块。

（1）烧结普通砖。砖是以黏土、水泥、砂、骨料及其他材料依一定比例混合，由模具脱胚后，入窑烧制而成的，最常见的有红砖和青砖。因制作方法不同分为机制黏土砖、手工粘 ± 砖两种。还有灰砂砖炉渣、矿渣砖、空心砖等。空心砖，有多孔承重砖、黏土空心砖、水泥炉渣空心砖及单孔、双孔、多孔等及各式花砖。空心砖用于减轻砖体重量和增强装饰效果，减轻重量后可使建筑物自重减轻，便于结构松件体积减小，扩大房间内部面积。砖材垒堆起的墙体，根据砖三维尺寸的不同，及排列组合方式的变幻，可形成各种富于肌理变化的图案，适当地运用会收到意想不到的效果。

（2）烧结多孔砖、空心砖和空心砌块。墙体材料的改良可以有效减少环境污染，节省大量的生产成本，增加房屋使用面积，其中一大部分品种属于绿色建材，具有质轻、隔热、隔音、保温等特点。有些材料甚至达到了防火的功能。因此出现了烧结多孔砖、空心砖和空心砌块。

2. 非烧结类墙体材料

（1）蒸养砖。蒸养砖主要有灰砂砖、粉煤灰砖、炉渣砖。

（2）砌块。砌块主要有混凝土小型空心砌块、粉煤灰硅酸盐中型砌块（简称粉煤灰砌块）、蒸压加气混凝土砌块。

（3）墙板。墙板分为实心与空心两种。主要有石膏板、纤维增强水泥平板（TK 板）、炭化石灰板、GRC 空心轻质墙板、混凝土空心墙板、钢丝网水泥夹心板。

①石膏板。石膏板又可以分为纸面石膏板、装饰石膏板、石膏空心条板等。石膏板与轻钢龙骨的结构体系，已成为现代室内装修中内隔墙的主要材料。

②纤维增强水泥平板。又称为 TK 板，原材料为纸碱水泥、中碱玻璃纤维和短石棉，加水经过成型、蒸养而成。质量轻、强度高、防水性能好、防潮性能好、不易变形、加工性能好。

③炭化石灰板。以磨细生石灰、纤维状填料或轻质骨料为主要原料，经人工碳化制成，多制成空心板，适用于非承重内隔墙、天花板。

④ GRC 空心轻质墙板。以低碱水泥、抗碱玻纤网格布、膨胀珍珠岩

为主要原料，加入起泡剂和防水剂等，经成型、脱水、养护而成。GRC 板有很多优点，如质量轻、强度高，隔热、隔声性能好，不燃，加工方便等，因此主要用于内隔墙。

⑤混凝土空心墙板。可用作承重及非承重墙板、楼板、屋面板、阳台板等。

⑥钢丝网水泥夹心板。以钢丝制成不同的三维空间结构，内有发泡聚苯乙烯或岩棉等为保温芯材的轻质复合墙板。

（十一）屋面材料

屋面材料分为黏土瓦、小青瓦、玻璃瓦、混凝土平瓦、石棉水泥瓦。下面我们就一起来看看它们都有什么样的特点。

（1）黏土瓦。黏土瓦以黏土为原料，加水抖匀，经脱胚烧制而成，按颜色分有红瓦和青瓦两种，黏土瓦按用途分有平瓦和脊瓦两种，平瓦用于屋面，脊瓦用于屋脊。

（2）小青瓦。小青瓦以黏土瓦为原料，用黏土制胚烧制而成。习惯以其每块重量作为规格和品质标准，按这个标准可以分为 18 两、20 两、22 两、24 两四种。如图 6-1-22 就是小青瓦的一种应用。

图 6-1-22　小青瓦

（3）混凝土平瓦。混凝土平瓦单片瓦的抗折荷重不得低于 600 牛顿。耐久性好、成本低、生产时可加入耐碱颜料制成彩色瓦，自重大，标准尺寸有 400mm × 240mm 和 385mm × 235mm 两种。

（4）石棉水泥瓦。石棉水泥瓦以水泥和石棉为原料，经加水拌匀压制成型，养护干燥后而成，分为大波瓦、中波瓦、小波瓦和脊瓦四种。单张面积大、质量轻、具有防火、防腐、耐热、耐寒、绝缘等性能。

（5）琉璃瓦。琉璃瓦是在素烧的瓦坯表面涂以琉璃釉料后烧制而成，是一种高级的屋面材。这种材料质地坚密，色彩艳丽，耐久性好，品种繁多，但成本较高，是我国传统建筑常用的高级屋面材。如图 6-1-23 所示，就是常用的一种琉璃瓦的类型。

图 6-1-23 琉璃瓦

（十二）装饰涂料

1. 涂料的用途

涂料在室内装饰中的主要作用是保护表面，并对装饰表面起修饰作用，达到美观实用的效果，同时还能起到防毒、杀菌、绝缘、防水、防污的作用。

2. 分类

（1）按使用部位不同分为外墙涂料、内墙涂料、顶棚涂料、地面涂料等。

（2）按涂料状态不同，又可分为水融性涂料和溶剂型涂料。

（3）按使用功能不同，可分为防水漆、防火漆、防霉漆、防蚊漆及具有多种功能的多功能漆等。

（4）按表面效果上来分，又可分为透明漆、半透明漆和不透明漆。

（5）按作用形态又可分为挥发性漆和不挥发性漆。

3. 室内工程中常用的涂料

涂料的种类有很多，下面我们主要论述了室内工程中常用的三种涂料。

（1）内墙涂料。内墙漆主要可分为水溶性漆和乳胶漆。

①水性涂料是指用水作溶剂或者作分散介质的涂料。水性涂料包括水溶性涂料、水稀释性涂料、水分散性涂料3种。用水性液体配制的涂料不能称为乳胶涂料。如装修中使用的“106”“107”“803”内墙涂料，是使用最普遍的内墙涂料。这些涂料的缺点是不耐水、不耐碱，耐久性差，易泛黄变色，涂层受潮后容易剥落，价格便宜，施工也十分方便，属低档内墙涂料。

②乳胶漆即是乳液性涂料，以水为稀释剂，是一种施工方便、安全、耐水洗、透气性好的漆种，制作成分中基本上由水、颜料、乳液、填充剂和各种助剂组成，它可根据不同的配色方案调配出不同的色泽。好的乳胶涂料层具有良好的耐水、耐碱、耐洗刷性，无毒、不燃烧，涂层受潮后绝不会剥落，属中高档涂料，虽然价格较贵，但其性能优良，所占据的市场份额越来越大，现在市场常用的知名品牌有立邦、多乐士、来威、华润、嘉宝莉等属于国家免检产品，比较安全。

（2）质感艺术涂料。质感涂料就是涂抹上墙后能让人感受到涂料材质的真实感。质感涂料主要就是运用特殊的工具在墙上塑造出不同的造型和图案，使空间更加的立体和真实美观大方。下面我们一起来看几种不同质感的涂料所展现的不同风格。

①液体壁纸涂料。也称壁纸漆，是集壁纸和乳胶漆优点于一身的环保水性涂料。它的图案设计繁多，有印花、滚花、夜光、梦幻、浮雕、钻石漆、光变漆等，风格各异，既克服了乳胶漆色彩单一、无层次感的缺陷，也避免了壁纸易变色、翘边、有接缝等缺点。液体壁纸涂料价格比壁纸便宜，施工方便，可广泛运用在家庭、宾馆、办公场所、娱乐场所，是一种新型材料，对施工技能要求较高。

②浮雕漆。是一种立体质感逼真的彩色墙面涂装材料，装饰后墙面酷似浮雕的感观效果，所以称之为浮雕漆。它以独特立体仿真浮雕效果塑造强烈的艺术感，广泛用于室内外已经有适当底漆的砖墙、水泥浆面及各种基面装饰涂装。图6-1-24展示了两种浮雕涂料的常见类型。

图 6-1-24　浮雕涂料

③梦幻艺术涂料。由纯色颜料、铝粉颜料、云母配制而成。涂刷后，由于光线的多次反射会产生多彩的效果。而铝粉颜料在底色漆内会遮挡住大部分产生珍珠效果的色母，所以珍珠色彩不太明显。

④夜光涂料。是由夜光粉、有机树脂、有机溶剂、助剂等配制而成。如图 6-1-25 所示，就是夜光涂料的一种应用，物体在涂上夜光漆成膜后，每吸光 1 小时可发光 8 ~ 10 小时，吸光和发光的过程可无限的循环。夜光涂料在环保、节能、经济、安全等实际使用性能中凸现出良好的综合效应，常用在建筑装饰、娱乐场所的装饰、公共场所的应急指示系统等方面。它是受广大消费者喜爱的一种新型的产品。

图 6-1-25　夜光涂料的应用

⑤多彩水泥涂料。这是一种室内外装饰用涂料，专门用于已存在的未封闭处理的混凝土表面，对于新老混凝土表面的装饰是非常适合的。特点是漆膜丰满、华丽，耐擦洗、耐腐蚀性、耐湿热性、耐冲击、柔韧性好，常温固化，冬季可照常施工，地面和墙面都可以使用。

⑥弹性质感涂料。这种涂料表层具有较好弹性的功能，涂层具有优异的耐候性、透气性、较好的断裂伸长率，柔韧性防裂等特点。这种涂料的作用是对基层的细小裂纹可形成一定的遮盖作用，增加了建筑物外墙装饰效果。如图 6-1-26 所示，就是弹性质感涂料的一种。

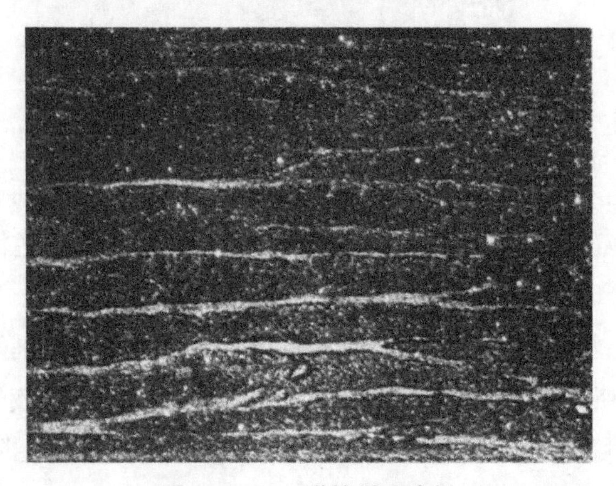

图 6-1-26　弹性质感涂料

⑦箔类艺术涂料。采用以黄金、白银、铜、铝为主要原料，经过化涤、锤打、切箔等十多道工序生产而成的优良箔制成的涂料。如图 6-1-27 展示的就是一种金色的箔类艺术涂料。

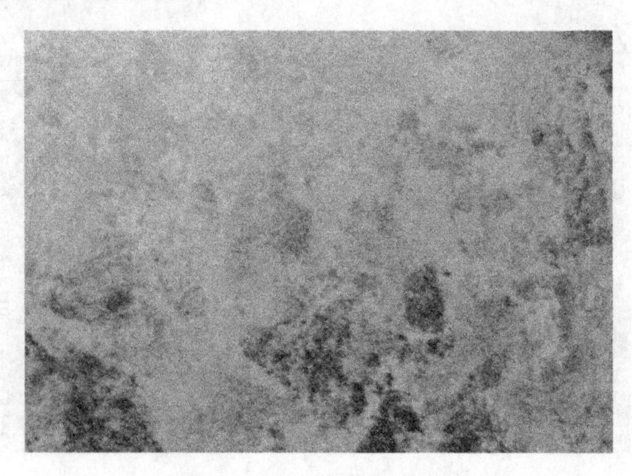

图 6-1-27　箔类艺术涂料

⑧马来艺术漆。采用非常细致的石灰粉末经熟化制成，状似灰泥，质地细致，并添加改性硅酸盐、干粉型聚合物、无机填料及各种助剂组成的水性环保型材料。如图 6-1-28 所示，就是两种马来艺术涂料。

图 6-1-28　马来艺术涂料

⑨仿古艺术涂料。有着沙质效果的漆面，要先在墙上以沙子做底，再刷上不同颜色的底漆，刻意做旧效果会让它看上去有斑驳的痕迹，最后还要再刷上一两层面漆才算大功告成。这种涂料能体现古香古色，典雅尊贵的色泽，纹络自然流畅。散发古典韵味的同时又不失现代气息，将欧式古典、新古典及中式等等风格挥发的淋漓尽致。

（3）地面涂料。

①分类。地面涂料种类繁多，按其主要成分可分为聚氨酶类、苯乙烯类、丙烯酸酶类、聚酯酸乙烯类、环氧树脂类等品种；按涂料稀释剂方法可分为水性地面涂料、乳液型地面涂料、溶剂型地面涂料等。

②特性及运用。地面涂料因为是应用于地板，平时人们的活动对其破坏力比较大，所以具有耐油、耐水、耐压、抗老化、耐酸、耐腐蚀等性能，具有较好的耐磨性，且施工简便，适应水泥基层、钢铁基层、木质基层，工期短，更新方便，造价又非常低。因此地面涂料常用于公共场所地面及工业厂房地面，同时也适用于家庭装修的阳台、厨房、卫生间地面装修或低档装修。然而在国外家庭装饰中，地面涂料并非低档材料，他们利用不同颜色质感的地面涂料来塑造贴近自然、休闲自如的乡村风格。

（十三）气硬性胶凝材料

胶凝材料能将散粒材料或物体粘结成为整体，并具有所需要的强度。胶凝材料按成分可以分为两大类，即有机胶凝材料和无机胶凝材料。前者由天然或合成的有机高分子化合物组成，如沥青、树脂等；后者则以无机化合物为主要的成分。气硬性胶凝材料属于无机胶凝材料的一种，它只能在空气中硬化，也只能在空气中继续保持或发展其强度，因此，气硬性胶凝材料只适用于地上干燥环境，而水硬性胶凝材料则可在地上、地下或水中使用。

1. 水泥

水泥属于水硬胶凝材料，品种很多，用于一般建筑工程的水泥为通用水泥；适应专门用途的水泥为专用水泥；具有比较突出的某种性能的水泥称为特种水泥。建筑工程常用的主要是各种硅酸盐水泥，是按主要水硬性物质名称划分出来的水泥的一种。

2. 混凝土

混凝土是由胶凝材料、粗细骨料和水按适当比例配制，再经硬化而成的人工石材。目前使用最多的是水泥混凝土。按其表观密度，一般可分为以下三类。

（1）干表观密度大于 2800kg/m^2 的是重混凝土。

（2）干表观密度为 2000kg/m^2 ~ 2800g/m^2 的是轻混凝土。

（3）干表观密度小于 1950kg/m^2 的是普通混凝土。

在这三种混凝土种类中，目前在建筑工程中应用最广泛、用量最大的是普通水泥混凝土。

3. 建筑砂浆

建筑砂浆是由胶凝材料、细骨料和水按一定比例配制而成的，是建筑工程中使用最广、用量最大的一种建筑材料。建筑砂浆可以分为以下几类。

（1）普通抹面砂浆。普通抹面砂浆通常分为两层或三层施工，底层抹平层的作用是使砂浆牢固地与底面粘结；并有很好的保水性，以防水分被底面材吸掉而影响粘着力。底面表层粗糙有利于砂浆与之结合，中层抹灰为找平，有时可省略，面层要达到平整美观的效果。

（2）防水砂浆。防水砂浆具有防水、抗渗的作用，适用于不受震动和具有一定刚度的混凝土或砖石砌体工程。

（3）装饰砂浆。装饰砂浆用在建筑内、外墙装饰上，具有美观装饰的效果。其底层中层抹灰与普通抹面一致，面层则为装饰砂浆。一般选具有一定颜色的胶凝材料和骨料以及特殊的操作工艺，使墙表面形成具有一定色彩肌理和花纹的装饰效果。其要用的胶凝料可为普通水泥，矿渣水泥；以及石灰、石膏、腻子粉等，骨料可以是大理石、花岗石、碎玻璃、陶瓷片等。

四、材料的选用

室内装饰对整体空间环境的烘托作用是十分重要的，室内装饰材料的选用直接影响到室内设计整体的实用性、经济性、环境气氛和美观与否，因此，针对不同的装饰品的材料在设计过程中也要慎重选择。界面装饰材料的选用，需要考虑下述几方面的要求。

1. 适应室内使用空间的功能性质

上面我们已经讨论过多种室内常用装饰材料，了解到它们具备着不同的功能和特点，因此，针对不同的空间使用功能我们需要选择相应的装饰材料。例如，文教、办公建筑的宁静、严肃气氛和娱乐场所的欢乐、愉悦气氛对比，空间装饰所选的材料一定是不同的。因此，空间的使用功能与所选材料的色彩、质地、光泽、纹理等密切相关。

2. 适合建筑装饰的相应部位

装饰材料的选择还需要与不同的建筑部位相适应，简单来说，主要是用于室内和室外的装饰在材料的选择上有很大差别。对建筑外装饰材料来说，受风吹雨打的时间较长，受侵蚀的机会大，而且受其自身的化学特性限制，因此要求有较好的耐风化、防腐蚀的耐候性能。室内装饰用品的选择中，也需要考虑该装饰物所置地点。如室内房间的踢脚部位，在选择材料时，需要充分考虑其清洁问题以及该部位的坚硬程度。

3. 材料的功能性

装饰材料的基本性质决定了它的适用场合，装饰材料对于室内建筑环境来说，具有以下三个方面的作用。

①保护主体结构、延长使用寿命。

②保证使用、满足功能。

③塑造空间、弥补不足、营造氛围、追求意境。设计师应结合材料的功能特性来选用合适的装饰装修材料。

4. 材料的经济性

任何一个室内设计和装修项目都有一定的投资预算，而装饰材料的费用在其中占到大部分。因此，设计师应把设计效果和经济因素综合起来考虑，尽可能不要超出投资预算。另外，材料的选择还应考虑使用过程中所产生的维护保养及耗能费用等，甚至包括因更新变化而造成的额外投资。

5. 材料的外观

装饰材料的外观指材料的形体、质感、纹理、色彩等表观因素，体现了材料的装饰性。在表 6-1-1 里，我们列举了部分不同外观装饰材料的视觉效果，但这只是反映出部分材料的外观特征对室内环境效果的影响。所以设计师在进行材料选配时，应根据设想的视觉效果来选用。

表 6-1-1　不同外观装饰材料的视觉效果

材料外观		视觉效果
形体	块状	稳重厚实
	板状	轻盈柔和
	条状	细致而有方向感
	硬质毛面	粗犷朴实
	软质毛面	柔和温暖
质感	镜面	简洁现代
	亚光面	内敛含蓄
	透光面	通透开敞
	木纹	芙同同目然

续表

材料外观		视觉效果
纹理	石纹	自然精致
	拉丝纹	细腻精工
	冰裂纹	有历史文化感
	豹纹	狂野张扬
	网纹	均质理性
色彩	红色	兴奋、时尚、警觉、刺激
	绿色	消除紧张和视觉疲劳
	白色	纯洁、高雅
	蓝色	清爽、深沉
	黄色	富贵、亮丽

6. 材料的加工性

所谓的材料的加工性，指的是材料能否被加工成多品种、多规格、多花色、多功能的产品。加工性强的材料用不同的加工工艺来生产，可以获得不同的规格、不同的性能。现代的装饰施工更注重效率、成本和质量控制，因此，更加需要这种加工性强的材料。选用大规格、轻质量、高强度、半成品或成品化的装饰材料，能提高施工生产效率，有助于实行标准化、装配化施工，从而降低成本而确保和提高施工质量。

7. 符合更新、时尚的发展需要

室内设计在不断发展，涉及的相关行业也必然呈现动态发展的局面。也正是由于这种现象的形成，设计装修后的室内环境通常并非是“一劳永逸”的，而是向其提出了与时俱进，不断更新，讲究时尚的发展要求。对室内材料的选择必然是要求更高，原有的装饰材料需要由无污染、质地和性能更好的、更为新颖美观的装饰材料来取代。

材料的选择关系到整个室内设计的质量问题，所以，这里我们提出的材质选择的七个要求都要积极贯彻落实好。毕竟选材最终是要落实到建筑上的，所以我们不能把材料的选择看成一件独立的事情，而是应该纵观全局，结合各方面的内容一起考虑。我们最终要达到的目的是给使用者呈现一个优质的室内设计成果，只有与总体空间环境相协调、使用功能要求符合材料性质、经济合理的材料选配，才能使设计项目获得成功。

第二节　室内设计中材料的质感及组合研究

一、材质质感的表现

材料的质感会通过视觉和触觉反映出来。下面我们一起来看看视觉和触觉下的材料质感有什么不一样。

（一）光泽与透明度

很多材料本身并没有光泽，但是经过加工一般都可以呈现很好的光泽，如抛光金属、玻璃、磨光花岗石、大理石、瓷砖等这些室内设计中常用的装饰材料都有很好的光泽度。将这些材料运用到装饰中去，通过其光滑表面的反射，会有使室内空间感扩大的作用，同时映出光怪陆离的色彩。同时，这样的材料还有一个优点，就是表面易于清洁，保持明亮，用于厨房、卫生间是十分适宜的。

透明度也是材料的一大特色。很多材料都有一定的透明度，常见的透明材料有玻璃、丝绸，利用透明材料可以增加空间的广度和深度。透明材料是开敞的，不透明材料是封闭的，这对在视觉上扩大空间感很有利，在这样透明的空间也会让人感觉很通透。

（二）软硬程度

柔软的材质我们生活中并不少见，许多纤维织物，它们都有共同的特点：都有柔软的触感。如纯羊毛织物、棉麻、玻璃纤维织物等。

硬的材料有很好的光洁度、光泽。晶莹明亮的硬材，使室内很有生气。

（三）温度感觉

物体给人带来的冷与暖的感觉会受很多因素的影响。首先，物体本身的质感就是最根本的影响因素，这种冷暖表现在触觉方面，不同的材质给人带来的冷暖感受也是大不相同的。其次，物体的色彩也会影响人们对它的冷与暖的感受。如红色花岗石、大理石虽然触感冷，视感还是暖的；而白色羊毛触感是暖，视感却是冷的。所以选用材料时应两方面同时考虑。

（四）弹性

有弹性和无弹性的材料带给人的感受是完全不同的，一般情况下，有弹性的物体会使人感觉更加舒服。这种情况我们大家应该都有切身体会。例如，我们室内的沙发、床的设计等都会采用有弹性的材料来制造，这是因为有弹性的材料会使物体所受的力达到平衡，使人感觉舒适、放松，从而达到其设计的目的，这是软材料和硬材料都无法达到的。

（五）光滑度

粗糙和光滑的物体都有很多，粗糙的如未经处理的石材、木材等；光滑的如经过处理的玻璃、陶瓷等。但是不同的材料有不同的质感，与其表面是粗糙还是光滑并无绝对的联系。有人会认为表面粗糙的物体质地是坚硬的，表面光滑的物体质地就是柔软的，其实这种观点是错误的，粗糙不一定坚硬，光滑不一定柔软，我们在选材时要具体情况具体分析，选择合适的材料。

（六）肌理

材料的肌理或纹理，有均匀无线条的、水平的、垂直的、斜纹的、交错的、曲折的等自然纹理。暴露天然的色泽肌理比刷油漆更好。在室内肌理纹样过多或过分突出时也会造成视觉上的混乱，这时应更替匀质材料。

二、材料质感的组合方式

（一）相似质感的组合

同属木材种类的桃木、梨木、柏木的纹理有差异，但这些相似肌理的材料组合，在环境效果上起到渐变和过渡作用。如图 6-2-1 所示，就是相似肌理的材质组合出的室内空间效果。

图 6-2-1　相似质感

（二）同一质感的组合

采用同一材质的装饰面板装饰墙面或家具，可以采用对缝、拼角、压线等手法，通过肌理的横直纹理设置、纹理的走向、肌理的微差、凹凸变化来实现组合构成关系。如图 6-2-2 所示，展示的就是采用直纹的设置组合而成的室内空间结构。

图 6-2-2　同一质感

（三）对比质感的组合

几种质感差异较大的材料组合，会得到不同的空间效果，能充分地体现出材料的材质美，如软硬材料对比、光滑粗糙材料对比等。除了材料质感对比组合手法外，设计中还常运用平面与立体、大与小、粗与细、横与竖、藏与露等设计方法，也能产生相互对比的作用。如图 6-2-3 所示，就是采用了对比质感的手法进行的室内空间组合。

图 6-2-3　对比质感

三、材质、色彩与照明之间的关系

同种材料在不同光照下，其显示出来的效果有很大的色彩差别，在搭配室内色彩时，不仅要考虑材料本身的固有色，还要细致处理光源的色彩对材料质感效果的影响，在不同光照情况下，材料会显现出不同的质地与色彩。

（一）光源颜色不同对材料色彩有影响

暖色材质受冷光源的影响，会感觉明亮；冷色材质受暖光源照射，会改变生冷的感觉。不同光源对色彩变化影响程度各不相同，如图 6-2-4 所示的情形。一般情况下，红光最强，白光最弱，再次为绿、蓝、青、紫等。

图 6-2-4　不同光源颜色对材料色彩的影响

（二）光照位置不同对材料的质地有影响

正面受光，对材料起到强调作用；侧面受光，材料会产生彩度、明度、粗糙与细腻上的变化；背面受光，材料色彩与质地处于模糊状态，起到特殊的逆向效果。如图 6-2-5 所示，分别展示了不同光照位置对材料色彩的影响。

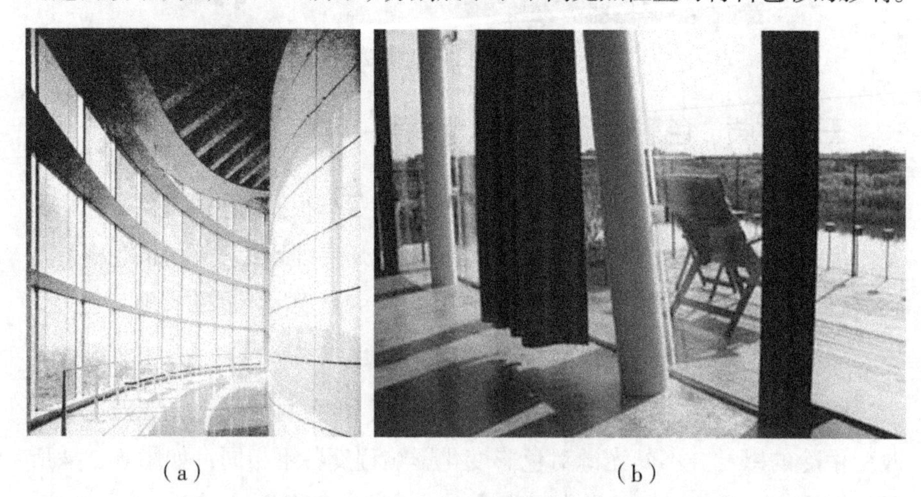

（a）　　　　（b）

图 6-2-5　正面射光和侧面射光

（三）光对材料质地的影响

光滑坚硬的材料如玻璃、镜子、金属、瓷器等反光效果较强，能使室内空间扩大；粗糙的材质则会吸收光，如砖、泥土等没有明显高光点，反射光效果较弱。如图 6-2-6 所示，分别展示了光源对粗糙和光滑材料的影响。

图 6-2-6 光源对光滑材料和粗糙材料色彩的影响

本章总结

在之前的几章内容里已经对布置、色彩以及光线等要素进行过研究，而材料要素同样是非常重要的要素。本章首先对材料的特征、作用进行了阐述，并且对不同材料的种类及其特点进行了深入的研究，接着又探讨了材料的选用问题。以第一节内容为基础，在第二节中更是对决定材料质感的各个指标进行了研究，并且以此研究室内设计中不同材料的组合，由于材料这一要素的特殊性，还探讨了光线、色彩等要素对材料的影响。通过本章内容，读者对材料要素的认识将更加透彻，更加清晰，并结合前几章的内容，从各个方面完善对当代室内设计的认识。

第七章　室内设计的发展及展望研究

人们的物质生活越来越丰富，对于居住以及办公环境的要求也就越来越高，因此室内设计是在不断向前发展的，也正因为这个原因，室内设计的未来也非常可期。本章将对室内设计的发展进行叙述，并且对未来室内设计的发展趋势进行进一步的展望。

第一节　室内设计的发展

一、室内设计的发展历程

室内设计的发展是指由“室内装饰”向“室内设计”演进的过程。下面我们就来详细论述一下这个过程是怎样发展变化的。

由“室内装饰”向“室内设计”的发展经历了一个漫长的过程。在这个过程中，人们经过不断的实践与研究，发现了二者之间的本质区别。下面我们一起来看看它们之间究竟有什么区别和联系，这个发展过程又经历了哪些时代的演变呢?

“室内装饰”时期，人们主要侧重于对建筑物的“装饰”。其根本目的在于美化，美化的方法有很多，人们会在建筑师提供的内部空间中，对空间围护表面进行绘画、雕塑和涂脂抹粉的装点修饰。在东西方古代社会的室内装饰中都有对这些方法的运用，例如，欧洲古希腊、古罗马的石砌建筑、东方古印度的石窟建筑和中国的木构架建筑，由于装饰与结构部件紧密结合，装饰与建筑主体采用一体化做法。然而这一做法并没有沿用多长时间，最终室内装饰与建筑主体还是分离开来。这一现象主要发生在十七世纪初的欧洲巴洛克时代和十八世纪中叶的洛可可时代。主要的原因在于建筑物的主体和外装修的使用年限远比室内的使用周期要长。因此，这个时候人们开始着重进行室内改装，而不动建筑物的主体了。

这里我们总结出以下几个时期的特征。

（1）巴洛克式和洛可可式风格的形成时期。巴洛克式建筑的室内，充满强烈的动感效果，这与当时的时代背景是不可分割的，天主教教皇派为了恢复天主教的优势而使教堂的室内装饰具有启动宗教感情更加高涨的形态。而洛可可式建筑室内在那时一般为皇宫贵族所用，他们为了追求舒适、私密、优雅的室内环境，在室内装饰时，加入许多自然环境要素，如花鸟、贝壳等，力求把室内空间装饰出一种亲切的效果。为了适应宫廷的异国情趣，他们还会在室内装饰中采用一些中国式装饰。巴洛克式和洛可可式的手工制作竭尽装饰之能事，被称为“室内装饰”的典型作法。

（2）现代主义风格形成时期。在现代主义风格形成之前，欧洲的室内装饰盛行将单纯装饰部件与建筑主体相结合，随着十九世纪欧洲以维也纳为中心的分离派运动将这一矛盾解开，现代主义逐渐形成。随后，包豪斯学派强调形式追随功能，我们前面说过，包豪斯学派一向盛行简约风，在室内装饰上面，他们认为空间是建筑的主角，建筑美在于空间的合理性和结构的逻辑性，因而表面的奢华装饰并无必要，应该舍弃。包豪斯学派的这一观念是现代主义风格形成的先导思想，它按照工业化大生产的规范要求排除装饰，强调使用功能以及造型的单纯化。至此，“室内设计”取代“室内装饰”开始盛行。室内设计按照不同的室内功能要求，从内部把握空间，设计其形状大小，为满足人们在这里舒适地生活和活动而整理环境，设置用具。包豪斯简约派的指导思想必定会使现代主义排除装饰走向另一个极端——玻璃幕墙、光秃秃的四壁、理性简洁的造型。社会在不断前进，人们对室内设计的要求也是不断变化发展的，久而久之，现代主义的这种单调的、千篇一律的设计方法无法满足人们的欲望。于是，人们对现代主义开始感到枯燥和厌倦，转而追求功能和形式的多样化。这就是社会发展的趋势，时代变迁的必然。

（3）后现代主义风格形成时代。六十年代之后，后现代主义应运而生并受到欢迎。后现代主义与现代主义是完全相反的两种风格，与现代主义的简约风格相比，它强调建筑的复杂性与矛盾性，反对简单化、模式化。其设计特点为讲求文脉、提倡多样化、追求人情味、崇尚隐喻与象征手法、大胆运用装饰。除此之外，它还善于在构图理论中吸收其他艺术或自然科学概念。

综上所述，我们看到，室内设计发展到现在这个状态是经历了不断的否定和扩展的，因此，随着室内设计行业的不断发展和壮大，它的内容也逐渐丰富起来，我们要时刻根据人们对室内环境的物质和精神需求对其进行发掘探索和改进，使其得到更加迅速的进步。

二、室内设计的发展现状

室内设计自形成以来，它的目的就是为人民服务，创造满足人们物质需要和精神生活需要的室内环境。当代社会，我国强调要以人为本，一切都要以人的生产生活动为最基本的出发点，因此，满足人们的物质和精神需求是当代社会对室内设计提出的基本要求。现今社会正处在一个经济、信息、科技、文化等各方面高速发展的时期，人们对自身所处的环境的质量提出了更高的要求，室内设计又该如何面对这些改变，迎接现代社会对其提出的这一严峻挑战呢？接下来我们就针对这一问题进行深入的讨论。

（一）科技与文化艺术相结合

一个时代的社会生产力与文化状态是这个时代发展的基础，室内设计的发展也是一样，它离不开文化的影响，更离不开科技发展对它的影响。另外，人们的审美意识的发展也是促进室内设计行业发展的一个重要因素。总的来说，室内设计是科技、文化与艺术的结合体，其中，科技是实现设计的一种手段，文化性与艺术性是设计的具体表现形式。

任何一种新风格的兴起和发展，必定与这个时代的社会生产力的发展相适应，并从一个侧面反映当时社会物质生活和精神生活的特征。相应的，社会生产力的发展促进生产技术的提高，技术的提高和材料的更新都是室内设计充满活力的重要原因。

文化性和艺术性需要通过美学原理来体现时代的精神和文化的内涵，要想使室内设计得到进一步的发展，处理好它们之间的相互关系成为关键。这要求室内设计师不仅要掌握并运用现代科学技术的成果，同时还要挖掘具有时代精神的价值观和审美观，创造出科学性与文化艺术性、生理要求与心理要求，以及物质上与精神上都满足人们需要的舒适的室内环境。

（二）更加人性化的设计理念

我们曾一再强调，室内设计是为人民服务的，以人为本是任何时候都不能违背的基本准则。人是衡量一切的尺度，室内设计的最根本目的就是为人们提供既满足其功能要求，同时也满足其精神需求的空间环境，要达成这个目的，必须始终把使用者对室内环境的要求放在设计的首要位置。

为使设计更加出色，设计师应更加注重环境心理学、人体工程学以及审美心理学的学习和研究，不断提升其内涵，从各个方面完善其在设计细节上表现。同时，未来的室内设计也是科技设计的时代，便捷型、智能型的设计是彰显人性化设计的最直接的体现，也必将是未来室内设计的发展方向。为了实现室内设计的这一发展，我们还需把这种设计理念一直贯彻下去。

（三）更加多元化的设计风格

更加多元化的设计风格是现代室内设计呈现的面貌，更是将来发展的必然。为了更加丰富的设计风格的形成，我们不能停止努力的步伐。室内设计作为一种文化的存在体，受各种社会因素的影响，无论是当时的经济发展状况，还是历史悠久的文化底蕴、民俗民风都对室内设计的风格形成有着非常重要的影响。从室内设计的发展过程来看，历史中形成的风格种类及其特征都为将来室内设计的进一步发展提供了可借鉴的目标；从发展前景来看，我们能够从中了解室内设计中存在的不足和需要改进的地方，从而借鉴其中的精华，去除糟粕，为将来的发展积累更多的素材和灵感。

室内设计要进行发展，务必要结合当前的实际情况，看看当前社会的发展特征，室内设计也在不断更新追求，它跻身于时尚、个性、自由的行列，成为人们精神生活的寄托之一。在这样的一个时代里，多种风格并存，已经成为设计发展的新风尚。

（四）行业分工与协作得到进一步完善

室内设计和人们的需求是两个相互影响、相辅相成的主体。人们日益变化的要求推进室内设计的发展，室内设计的进一步发展也在不断促使人们的要求持续更新，这导致现代室内设计和环境装饰的更新周期日益缩短，室内设计行业不断进步，自身的规范化进程得到进一步完善，行业分工越来越细化，各专业部门的协作也越来越紧密，室内设计行业将步上更加正规化、程序化的轨道。

当今社会是一个经济、信息、科技、文化等各方面都高速发展的时代，人们不仅在物质生活水平方面得到了提高，对精神生活也是越来越重视。相应的，人们对自身所处的生产生活环境的质量，也必将提出更高的要求。所以我们当务之急就是把“创造出安全、健康、适用、美观、能满足现代室内综合要求、具有文化内涵及可持续发展的室内环境”作为我们的发展目标，从理论到实践认真学习和探索这一新兴学科中的规律性。

第二节　室内设计的发展趋势展望

一、尊重历史与注重旧建筑再利用的趋势

（一）尊重历史的发展趋势

历史从来不是可有可无的，历史的发展代表着一个民族的文化积淀，对将来社会的前进也具有一定的借鉴意义。然而在现代主义建筑运动盛行的时期，设计界曾流行过一种否定传统的思潮，人们认为当今社会的发展与历史无关，想要摆脱历史的影响。但是这种思潮显然没有经历住时间的考验，随着时代的推移，人们已经认识到这种脱离历史、脱离现实生活的世界观是不成熟的、有欠缺的。我们应该承认历史是一个已经存在的客观事实，是不可割断的。人类社会一步步走到今天，所经历的一切本就是无法割断的联系，无论是好是坏，都是我们不断探索的过程；不论是物质技术的，还是精神文化的，都具有历史延续性。追踪时代和尊重历史，就其社会发展的本质讲是有机统一的。历史赋予我们一定的借鉴意义，只有研究过去，发现不足，取长补短，我们才能不断进步，这对将来的发展都是有重要意义的，否则就可能陷于凭空构想的境地。因此，在 20 世纪 50 至 60 年代，特别是在 60 年代之后，在设计界开始重视历史文脉，倡导在设计中尊重历史，使人类社会的发展具有历史延续性，这种趋势一直延续至

今，始终受到人们的重视。

这种设计思想无论在建筑设计还是在室内设计领域都得到了强烈的反映，在室内设计领域往往表现得更为详尽。特别是在生活居住、旅游休闲和文化娱乐等室内环境中，带有乡土风味、地方风格、民族特点的内部环境往往比较容易受到人们的欢迎。因此室内设计师亦比较注重突出各地方的历史文脉和传统特色，这样的例子可谓不胜枚举。下面我们通过三个例子一起来看看这种融传统与现代风格为一体的设计在室内空间设计上是怎样体现的。

（1）如图 7-2-1 所示则为贝聿铭先生设计的香山饭店，该图表现的是香山饭店的中庭部分，我们可以看出，它既是一个现代化的宾馆，又是在设计中充分体现中国传统建筑精神的一个作品。其室内布局中的粉墙翠竹、叠石理水充分体现了中国传统建筑的风格特征。不仅如此，在材料的选择及细部处理上也很讲究，采用白色粉墙和灰砖线脚。在山石选择、壁灯以及楼梯栏杆等的处理中也很注意民族风格的体现。总之，整个工程把时代感与中国历史文脉完美地结合起来，是很成功的佳作。这种特色不仅体现在中国的建筑风格中，在国外的建筑设计和室内设计中也是广泛流传的。

图 7-2-1　香山饭店中庭

（2）如图 7–2–2 所示为沙特阿拉伯首都利雅得一所大学内的厅廊，设计师在厅廊的设计中十分尊重伊斯兰的历史传统，运用了富有当地特色的建筑符号，使通廊的地方特色得到充分的展现。在落日余晖的照耀下，浅棕色的柱廊使得这一长长的空间更显得幽深恬静。

图 7–2–2　富有伊斯兰历史特色的长廊

（3）被视为具有后现代主义里程碑意义的美国电话电报大楼是尊重历史文脉的又一例证。该大楼位于纽约地价十分昂贵的中心区，平面采用十分简洁的矩形，单从平面看就有古典建筑的感觉。如图 7–2–3（a）所示，展示的就是大楼的首层平面图。大楼的首层电梯厅是设计的重点，为了突出古典气氛，设计师采用了一排排结构的柱廊，图 7–2–3（b）展示的就是大楼的电梯内景。如图所示，这种设计既划分了电梯厅的平面，丰富了空间，而且又突出了古典的韵味；内部的材料主要以深色磨光花岗岩为主，华丽而稳重；地面石材作拼花处理，增加了丰富感觉。在室内设计中还运用了许多古典建筑的语言，如马蹄形拱券让人想起大马士革清真寺，大厅的顶部使人联想起古罗马的帆拱结构，入口大门虽是拱状门，但修长竖向划分的金属窗框，却令人想起哥特建筑中高耸冷峻的形象。此外，室内的雕像亦采用具象的手法。总之，电话电报大楼的室内设计是怀念历史、表现历史文脉的具体反映，是这方面的典例之一。

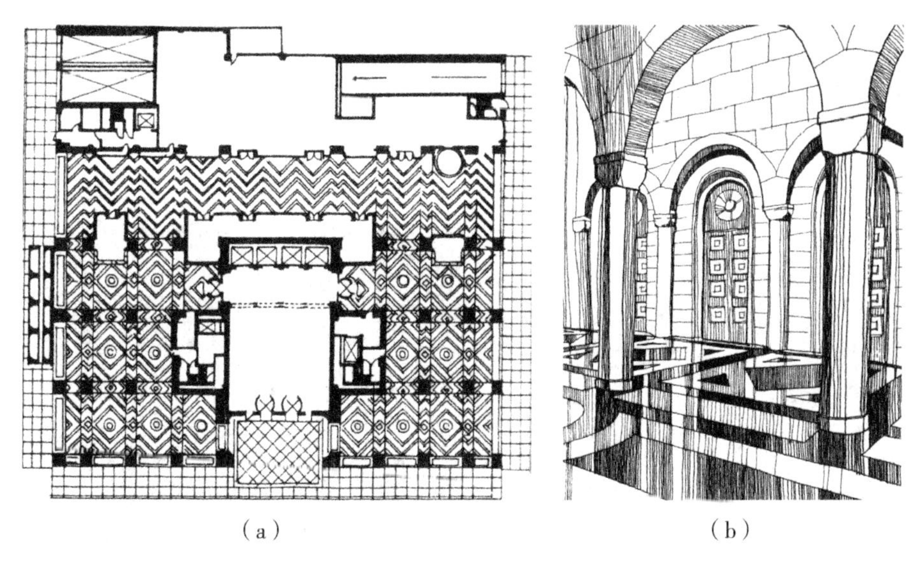

（a）　　　　　　　　　　　　（b）

图 7-2-3　电话电报大楼首层平面和电梯内景图

（二）注重旧建筑的再利用

广义上我们可以认为凡是使用过一段时间的建筑都可以称作旧建筑，其中既包括具有重大历史文化价值的古建筑、优秀的近现代建筑，也包括广泛存在的一般性建筑，如厂房、住宅等。其实，室内设计与旧建筑改造有着非常紧密的联系。从某种意义上可以说，正是由于大量旧建筑需要重新进行内部空间的改造和设计，才使室内设计成为一门相对独立的学科，才使室内设计师具有相对稳定的业务，一般情况下，室内设计的各种原则完全适用于旧建筑改造，那么在进行旧建筑改造时有哪些可以运用的原则和方法呢？

在对具有历史文化价值的旧建筑进行改造时，除了运用一般的室内设计原则与方法外，还应注意处理“新与旧”的关系，特别要注意体现“整旧如旧”的观念。“整旧如旧”是各种与建筑遗产保护相关的国际宪章普遍认可的原则，学者们普遍认为尽管“整旧如旧”具有美学上的意义，但其本质目的不是使建筑遗产达到功能或美学上的完善，而是保护建筑遗产从诞生起的整个存在过程直到采取保护措施时为止所获得的全部信息，保护史料的原真性与可读性。

遵循上述改造原则的实例很多，法国巴黎的奥尔塞艺术博物馆就是一例。奥尔塞博物馆利用废弃多年的奥尔塞火车站改建而成，在改建过程中设计师尽量保存了建筑物的原貌，最大限度地使历史文脉延续下来，尽可能使古典的东西在新的环境中发挥新的潜力。而新增部分的形式则尽量简化朴素，以避免产生矫揉造作的感觉。如图 7-2-4（a）所示，展示了利用原有站台改建而成的展厅。如图 7-2-4（b）所示，展示了对原有的古典大钟的重新利用，使之十分自然地成为展厅的视觉趣味中心。

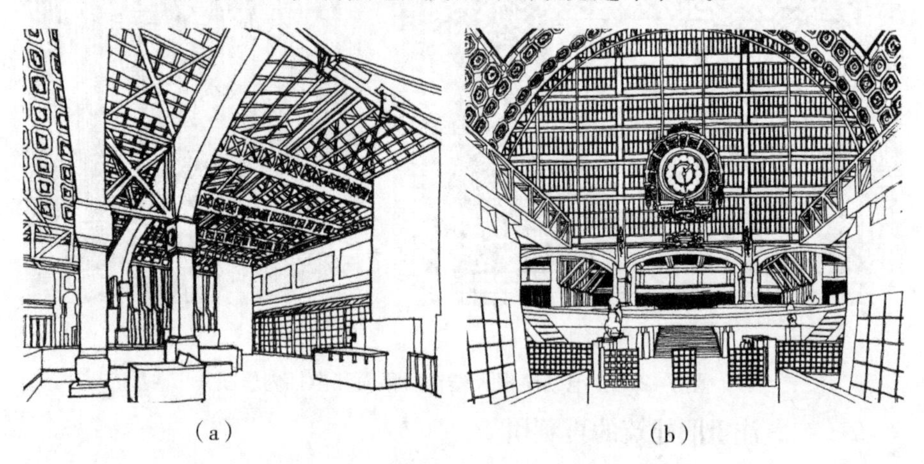

（a）（b）

图 7-2-4 站台改造的展厅和古典大钟的利用

产业建筑是另一类目前在我国越来越受到重视的旧建筑。由于我国很多城市 20 世纪都曾经历过以重工业为经济支柱的时期，因此产生了工业厂房比较集中的地区。这些厂房往往受当时国外工业建筑形式的影响比较大，采用了当时的新材料、新结构、新技术。但是，随着第三产业的发展和城市产业结构的转变，不少结构良好的厂房闲置下来，严重的甚至引起城市的区域性衰落。在这种情况下，进行废旧厂房的更新再利用很有可能成为区域重新焕发活力的契机。

同其他类型的旧建筑一样，在产业建筑再利用中也应该注意“整旧如旧”或“整旧如新”的选择问题。目前不少设计者偏向于采用“整旧如旧”的表现方法，希望保持历史资料的原真性和可读性。例如，北京东北部的大山子 798 工厂一带集中了很多企业，随着时代的变迁，其中不少企业已经风光不再，于是一批艺术家租下了这些厂房，将其改造成自己的工作室、展室等，如图 7-2-5（a）展示的就是这种情景。但是也不尽然是这种被改造的情况，也有一些历史性的东西被沿用下来。例如图 7-2-5（b）所示，展示的是一些原来车间的设备被保留下来。这种设计结构可以使参观者体会到工业文明的特色，对人们来说也是一种全新的感受。所以，在这种历史的变迁下，经过一段时间的发展，如今这一地区已经成为北京的“苏荷区”。

（a）

（b）

图 7-2-5　工业建筑的改造及原有车间设备的保留

二、以人为本与可持续发展的趋势

（一）以人为本的发展趋势

在立足于我国的社会国情，总结发展实践，借鉴国外的发展经验的基础上，党和国家提出了科学发展观。作为科学发展观的核心，“以人为本”的思想也一直被贯彻执行。但是追根溯源，其突出人的价值和人的重要性并不是当代才有，在历史上早已存在，我国很早就认识到人的价值和人的作用。

这种思想不仅在中国被人们广泛传承，其实在国外也早有所发展。最著名的事件就是 16 世纪欧洲文艺复兴运动，提倡人的尊严和以人为中心的世界观。

将“以人为本”的思想与室内设计联系起来，我们会发现，室内设计本身就是为人民服务的。设计师在设计时将该思想融入作品中的例子也屡见不鲜。例如，芬兰的设计师阿尔托，他提倡设计应该同时综合解决人们的生活功能和心理感情需要。这种突出以人为主的设计观在当今室内设计领域中尤其受到人们的重视。

在室内设计中，首先应该重视的是使用功能的要求，其次就是创造理想的物理环境。当然，以人为中心不仅体现在室内设计要符合住户的基本功能要求，更重要的是还应进一步注意到人们的心理情感需要，这是在设计中更难解决也更富挑战性的内容。阿尔托在这方面的尝试与探索是很值得借鉴的。在造型上，他喜欢运用曲线和波浪形；在空间组织上，主张有层次、有变化，而不是一目了然；在尺度上，强调人体尺度，反对不合人情的庞大体积。他设计的卡雷住宅就是典型的一例。如图 7-2-6 所示，图（a）是该住宅的平面设计图；图（b）是其外观图；图（c）是它的剖面图，我们可以看到它直线和圆弧相结合的吊顶给人以舒展优美的感受；图（d）是从起居室看它的入口门厅的效果图；图（e）是该住宅的餐厅效果图，其悠然的绿化给室内环境增添了温馨。该住宅的空间互相流通，十分自由，人们的视觉效果在经常发生变化，非常有趣。阿尔托的这些思想与作品不论是在当时，还是在现在，都给人以很大的启迪。突出以人为本的思想，突出强调为人服务的观点，对于室内设计而言，无疑具有永恒的意义。

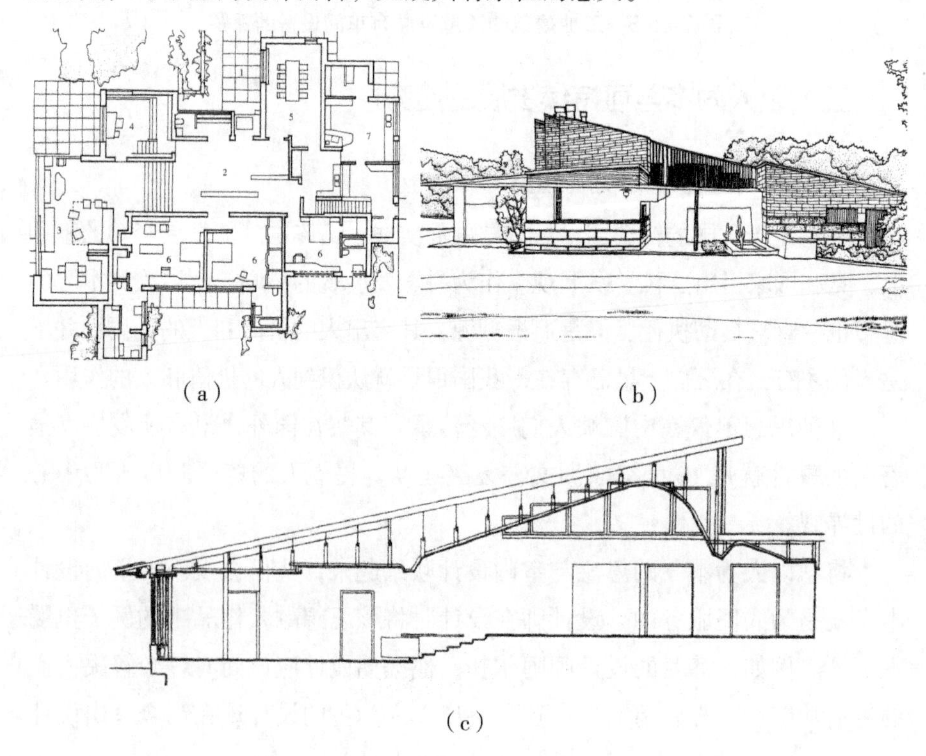

（a）　　（b）

（c）

（d）　　（e）

图 7-2-6　卡雷住宅图

（二）可持续发展的趋势

“可持续发展”的概念形成于 20 世纪 80 年代后期，1987 年在联合国文件——《我们共同的未来》中被正式提出。尽管关于“可持续发展”概念有诸多不同的解释，但大部分学者都认可《我们共同的未来》一书中的解释，即：“可持续发展是指应该在不牺牲未来几代人需要的情况下，满足我们这代人的需要的发展。这种发展模式是不同于传统发展战略的新模式。”文件中指出，当今世界存在的能源危机和环境危机都是由以往不合理的发展模式造成的，因此，实施可持续发展战略是必然趋势。

作为一个新的发展模式，我们有必要了解它到底“新”在何处，是否真的具有可实施性，因此，我们一起来看看“可持续发展”到底包括哪些内容，它又是如何一步步地指导我们进行新时代的发展的。

（1）可持续发展否定了以往那种仅仅把经济发展作为衡量指标的评价方式，强调把社会、经济、环境等各项指标综合起来评价发展的质量。同时，新型发展模式强调要尽可能有效地利用可再生资源，节能减排，改变原本那种靠高消耗、高投入来刺激经济增长的模式。建立和推行一种新型的生产和消费方式。在这种方式的督促下，不仅人们的生活更加节能高效，生产生活环境也变得越来越好。

（2）可持续发展强调经济发展必须与环境保护相结合。要达成这一目标，需要人们做到对可再生资源持续利用，实现眼前利益与长远利益的统一，对不可再生资源合理开发与节约使用，为子孙后代留下发展空间。

（3）大自然是我们的母亲，是我们赖以生存的家园。我们作为大自然中的一员，应该学会尊重自然、爱护自然，把自己作为自然中的一员，与自然界和谐相处，把自然作为人类发展的基础和生命的源泉，而不是将其作为我们掠夺的资本，长此以往，大自然对我们的反馈将是无尽的灾难。"可持续发展"就是要彻底改变这种认为自然界是可以任意剥夺和利用的对象的错误观点，善待大自然，与其一起和谐发展。

实现可持续发展，涉及人类文明的各个方面。建筑作为人类文明的一个重要组成部分，建筑设计及室内设计都将涉及很多的资源消耗，是可持续发展应该关注的一个重点，因此，在建筑及其内部环境设计中贯彻可持续发展的原则就成为十分迫切的任务。

在建筑设计和室内设计中体现可持续发展原则是崭新的思想，国内外都处在不断探索之中。简要说来，主要表现为"双健康原则"和"3R原则"。下面我们一起看看这两种原则到底包含什么内容。

（1）所谓"双健康原则"指的是人与自然的双重健康。随着社会的进步，人们对健康的重视程度也随之提高，在室内设计方面，广泛采用绿色原料。但是人类不能为了自身的发展而弃自然的健康于不顾，这样的发展之路是走不长久的，人与社会自然的发展是相互促进、相互制约的，只有遵循双健康原则，人类社会才能持久繁盛。

（2）所谓"3R原则"，还是致力于对大自然的敬爱与保护。人们在发展的过程中，势必会向大自然索取，我们不能完全杜绝，但是必须将保护环境的意识建立起来，让它植根于每个人的头脑中。从自我做起，做我们能做的每一件小事，对资源进行再循环利用，开源节流，减少浪费，让我们一起来用自己的行动保护大自然。

目前国内外都尝试在设计中运用"可持续发展"的原理，位于墨西哥科特斯海边南贝佳半岛的卡梅诺住宅就是一例。这一地区气候干热，阳光充足，偶有暴风和暴雨。业主期望设计一栋不同寻常的住宅，朝向海景，同时可以尽量利用自然通风，不用空调降温。为了实现上述目标，建筑师在设计中十分注意利用自然通风和采用降温隔热的措施。下面我们一起来看看建筑师是怎样做的。

为了尽可能地利用自然通风，建筑师在空间处理上做了不少努力。整幢住宅分三部分，即会客、起居娱乐、主人卧室。这三部分均可向海边、阳光和风道开门，只需打开折叠式桃花芯木门和玻璃门，就可使整栋建筑变成一个带顶的门廊。

因为地处炎热地区，在隔热问题的处理上，设计师对住宅的屋顶设计进行了大胆的尝试，取得了较好的效果。设计师采用了一个鱼腹式桁架系统，然后覆以钢筋混凝土板。下侧桁架弦杆采用板条和水泥抹灰，形成一个可自然循环的双层通风屋顶。空气通过屋顶两头的网格进入，从女儿墙内的出口和屋顶中心的烟囱流出。中空部分可以隔热，侧面用网格封口，既可使空气通过，又可防止鸟儿在内部筑巢。这样形成的屋顶一方面解决了通风、降温问题，同时也是很好的艺术构件，形成了独特的外观效果，达到了艺术与功能的统一。

住宅的三个部分之间以活动隔门间隔，天气热时可以打开隔门通风，天气凉时或使用需要时可以关上，形成独立的空间，使用十分方便灵活。为了强化通风效果，建筑围墙、前门也均为网格形式，利于海风通过，又能形成美丽的光影效果。

在卡梅诺住宅设计中，设计师还考虑到屋顶雨水的收集问题。两片向上翘起的屋顶十分有利于收集雨水，屋顶两端还设置了跌水装置，可以让雨水落到地面的水池中，实现雨水的循环使用和重复使用。

如图 7-2-7 所示，分别展示了卡梅诺住宅的平面图、侧立面图、侧向外观图、背立面图、屋顶的通风塔及其通透的内部空间。结合这些图以及对设计师采取的措施的描述，我们可以了解到卡梅诺住宅不仅符合了业主特殊的功能要求，而且做到了美观，最重要的是它符合可持续发展的原理。它是较为全面尝试的范例，其经验对于我们来说具有很好的借鉴意义。

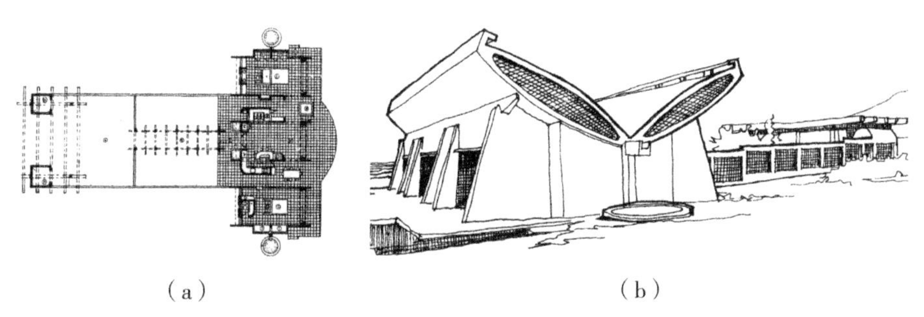

（a）　　　　（b）

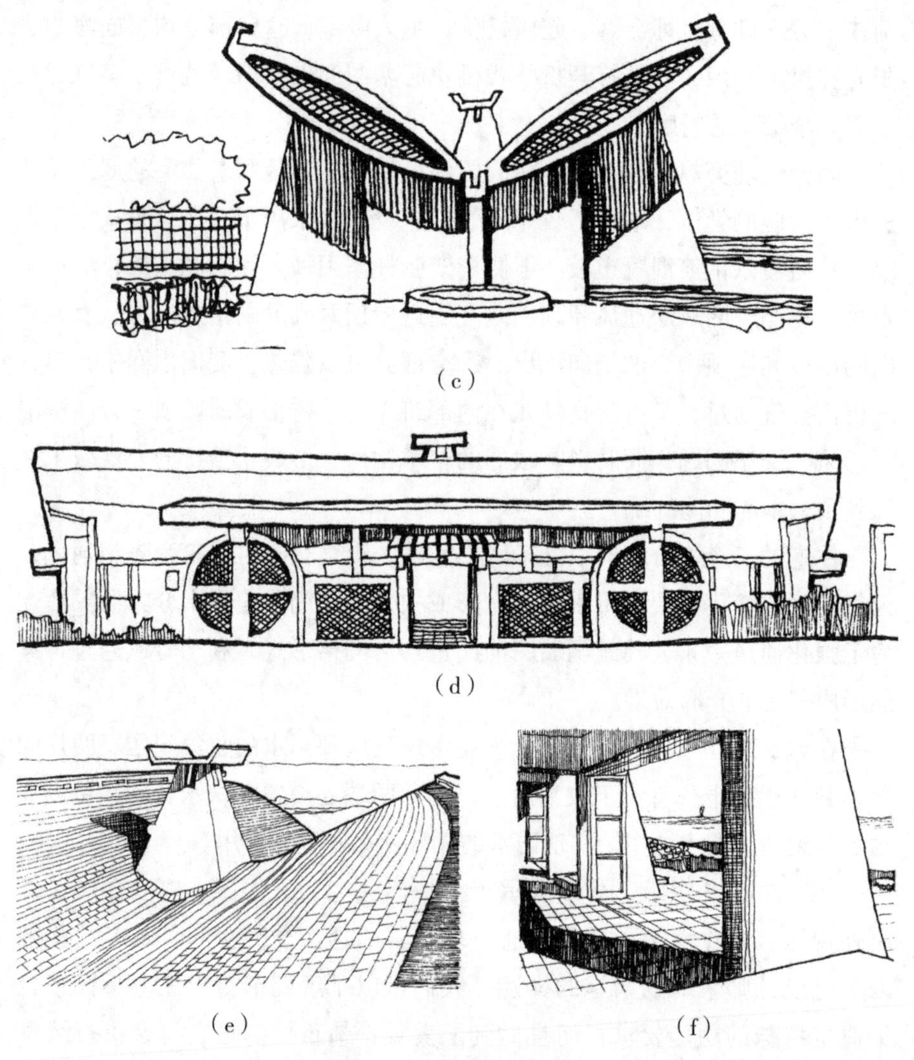

（c）

（d）

（e）　　（f）

图 7-2-7　卡梅诺住宅图

“可持续发展观”作为现代社会贯彻的一个重要思想，创作符合可持续发展原理的建筑及其内部环境也成为目前设计界的一种趋势，也是人类在面临生存危机情况下所作出的一种反映与探索。随着建筑行业规模的扩大，虽然为经济发展注入活力，但是同时也使我们的社会面临一系列问题，能源紧缺、资源不足、污染严重、基础设施滞后等问题的出现使得发展与环境的矛盾日益突出。因此，立足于我国的国情，我们必须把可持续发展观落实到行动上，不断进行新的设计方法的探索。作为一名室内设计师，完全有必要全面贯彻这种思想，借鉴人类历史上的一切优秀成果，用自己的精美设计为人类的明天做出贡献。

三、极少主义及强调动态设计的趋势

（一）极少主义发展趋势

近年来我国设计界流行极少主义的设计思潮。所谓“极少主义”，顾名思义就是将设计作品的内容精简到最少。常言说，浓缩就是精华，当物体的所有组成部分、所有细节以及所有的连接都被减少或压缩至精华时，它将会散发出最完美的感觉。

极少主义的思想其实不是最新提出来的，它的历史可以追溯到很远，现代主义建筑大师密斯针对这一主义就曾提出“少就是多”的理论。这种理论主张形式简单、高度功能化与理性化的设计理念，反对装饰化的设计风格。很多设计者尝试按这种设计理论来设计作品，得到的结果无疑是惊艳的，因此，这种设计理论在当时曾风靡一时，其作品至今依然散发着无限魅力。但是，随着时代的变迁，社会的发展，时至今日，“少就是多”的思想已经得到了进一步的发展，有人甚至提出了“极少就是极多”的观点，在这些人看来纯粹、光亮、静默和圣洁是艺术品应该具备的特征。至此，“极少主义”已经达到一个新高度。

极少主义强调的是一种简单理性化的设计风格，所以其设计者们追求的是一种纯粹的艺术体验，以理性甚至冷漠的姿态来对抗浮躁、夸张的社会思潮。正是因为这种姿态，他们给予观众的是淡泊、明净、强烈的工业色彩以及静止之物的冥想气质。极少主义思想在建筑设计中有明显的体现，其表现内容主要表现在以下两个方面：

（1）在形式上，这类设计往往将建筑简化至最简单的形式，也就是留下其最基本的成分，如空间、光线及造型，去掉多余的装饰。

（2）在材料的选用上，这类建筑往往使用高精密度的光洁材料和干净利落的线条，与场地和环境形成强烈的对比。也正是这种材料的应用，更突出了建筑风格的简单。

事实上，极少主义并不意味着单纯的简化。相反，它往往是丰富的集中统一，是复杂性的升华，需要设计师通过耐心和努力的工作才能实现。下面我们就一起来看看极少主义在室内设计领域是怎样体现的吧。

在室内设计领域，还是秉承“极少主义”的核心理念，它提倡摒弃粗放奢华的修饰和琐碎的功能，强调以简洁通畅来疏导世俗生活，其简约自然的风格让人们耳目一新。在设计时，他们会考虑的内容不是如何把空间布置得更加丰富，而是通过强调建筑最本质元素的活力，而获得简洁明快的空间。

其次，极少主义室内设计的最重要特征就是高度理性化。在装饰品的选择和配置上，它很有分寸，从不过量。在整体空间的设计上，它提倡简单明快的设计风格，线条设计硬朗；界面设计光洁通透；装饰细节利落而不失趣味。这种简洁、明快的设计风格凸显了极少主义的宗旨，在材料上的减少，不仅使空间环境显得明朗干净，在某种程度上还能使人的心情更加放松，因此十分符合快节奏的现代都市生活。这些具体的室内设计内容我们在接下来都会具体讨论。

（1）在材料与色调方面，极少主义总的用色原则是先确定房间的主色调，通常是软而亮的调子，然后决定家具和室内陈设的色彩范围。其总的特征是简单但不失优雅，在选择色调时最常用的就是黑、白、灰的色彩计划。有时还主张运用大片的中性色与大胆强烈的重点色而达到一种视觉冲击的效果。所以在材料的选择时，也要符合整体的色调风格。

（2）在家具布置方面，十分注重家具与室内整体环境的协调以及室内家具与日常器具的选择。

（3）在地面材料选用方面，一般为单色调的木地板或石材，同时也十分注重软质材料的运用，如纤维绒、天鹅绒、皮革、亚麻布、丝、棉等。在选择这些装饰织物时，通常要特别注意两个方面，其一就是色调要尽可能自然，因为这种风格整体给人的感觉就是比较素净，图案太强的织物不适合此类风格。其二就是质地应该突出触感。

（4）极少主义对光线也很重视，但一般情况下，极少主义偏爱良好的自然光照。如图 7-2-8 所示，表现的就是光线在极少主义室内设计中的作用。可以看出这种风格的简单的特征，而且图二中光影的效果丰富了人的视觉感受。整个空间充满了光的韵律，整体的设计给人一种大气、享受的感觉。

（1）

（2）

图 7-2-8　光线在极少主义室内设计中的呈现

其实，极少主义不仅仅是一种设计风格，它所代表的思维似乎包涵着一些永恒的价值观，如对材料的尊重、细部的精准及简化繁杂的设计元素等等。它不仅仅是西方现代主义的延伸，同时也涵盖了东方美学思想，具有很强的生命力，所以，我们要继续重视并把它发展下去。

（二）动态发展趋势

我国清代文人李渔，在他室内装修的专著中曾写道：“与时变化，就地权宜”，“幽斋陈设，妙在日异月新”，即所谓“贵活变”也就是动态发展和与时变化的论点。如果没有新人的不断探索和改进，就不会有现在室内设计的发展，放在室内设计的角度来讲也是一样的，只有与时俱进，不断发展变化，才能形成新的风格和特征，使室内空间的表达更加丰富。

在设计房间的门窗时，李渔还曾建议将其设计成相同的尺寸和规格，不同的体裁和花式。之所以这样设计，是为了方便以后随时对其进行更改，以适应不同的使用要求和环境氛围。虽然在“活变”的论点上，他还只是从室内装修的构件和陈设等方面去考虑，没有顾及室内设计的其他很多方面，但是他的思想已经涉及了因时、因地的变化，把室内设计以动态的发展过程来对待，这已经是一个很大的进步了。

现代室内设计有一个显著的特点：随着时间的推移，室内功能会发生相应的改变。当然，建筑风格以及室内设计的风格的变幻是必不可少的，这是一个必然的现象，因为对其有影响的可变性因素太多了。其中主要的影响因素有以下几点。

（1）新型材料的出现。随着科技的发展，室内装饰材料、设施设备，甚至门窗等构配件的更新换代也日新月异。

（2）人们生活的调节。随着生活节奏的加快，人们对室内设计的要求在改变，室内功能不断发生变化。

（3）人们主观因素的改变。另外一个影响因素就是人们对室内环境艺术风格和气氛的欣赏和追求，也是随着时间的推移而在改变。这种环境的推进以及人为的思想的变幻使室内设计必定是呈现一个不断更新的状态。我们不仅要承认和接受这种状态，更要对其进行充实和发展，使室内设计领域呈现的内容更加丰富。

四、多元并存与环境整体性的趋势

（一）多元并存的趋势

20 世纪 60 年代以来，西方建筑设计领域与室内设计领域发生了重大变化，多元的取向、多元的价值观、多样的选择成为一种潮流。人们提出要在多元化的趋势下，重新强调和阐释设计的基本原则，于是各种流派不断涌现，此起彼落，使人有众说纷纭、无所适从之感。有的学者曾对目前流行的观点进行了分析，总结出如下十余对相关因素。

当代——传统　　现代——后现代
现实——理想　　技术——文化
内部——外部　　本国——外国
使用功能——精神功能　　共性——个性
客观——主观　　自然——人工
理性——感性　　群体——个体
逻辑——模糊　　实施——构思
限制——自由　　粗犷——精细

针对上述这些相对的主张，本就不能论对错，虽然新的观念或风格形成，但不代表传统的观念就毫无意义了。作为文化的一种表现形式，建筑设计或室内设计的风格本就是不断发展的，其趋势也是随着社会发展的趋势在变化。因此学者们提出了“钟摆”理论，指出钟摆只有在左右摆动时，挂钟的指针才能转动，当今的室内设计从整体趋势而言亦是如此，在不同理论的互相交流、彼此补充中不断前进，不断发展。当然，就某一单项室内设计而言，则应根据其所处的特定情况而有所侧重、有所选择，其实这也正是使某项室内设计形成自身个性的重要原因。

上述十余对相对因素在室内设计中相当常见，几乎同时于20世纪70年代末建成的奥地利旅行社与美国国家美术馆东馆就是两个在风格上迥然不同的例子。

维也纳奥地利旅行社的室内设计是后现代主义的典型作品，由汉斯·霍莱茵设计。该旅行社的中庭很有情调，天花是拱形的发光顶棚，顶棚顶由一根带有古典趣味的不锈钢柱支撑。钢柱的周围散布着九棵金属制成的棕榈树。顶棚上倾泻而下的阳光加上金属棕榈树的形象很易使人联想到热带海滩的风光，而金属之间的相互映衬，又暗示着这是一种娱乐场所。如图7-2-9所示，展示的是旅行社室内轴测图，从此图中我们可以看到整个旅行社的布局。大厅内还有一座具有印度风格的休息亭，如图7-2-10所示，人们坐在那里便可以想起美丽的恒河，可以追溯遥远的东方文明。当从休息亭回头眺望时，会看到一片倾斜的大理石墙面。这片墙蕴含着深刻的含意，它与墙壁相接而渐渐消失，神秘得如同埃及的金字塔。金碧辉煌的钢柱从后古典柱式的残断处挺然升起，体现出古典文明和现代工艺的完美交融。初看上去该设计比较怪异，但仔细品味会发现这是设计师对历史的深刻理解。

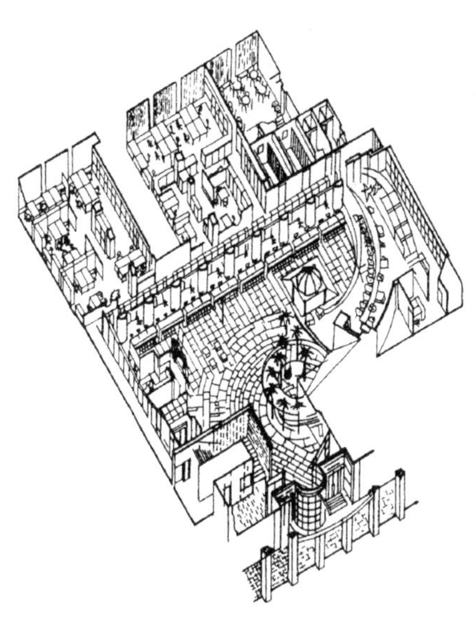

图7-2-9 奥地利旅行社室内轴测图

图 7-2-10　具有印度风格的休息厅

由贝聿铭先生设计的美国国家美术馆东馆则仍然具有典型的现代主义风格，简洁的外形、反复强调的以三角形为主的基本构图要素、洗练的手法都反映着现代主义的特点，给人以简洁、明快、气度不凡之感。这里所陈述的特点就是图 7-2-11 和图 7-2-12 所示的情景。

图 7-2-11　华盛顿国家美术图书馆

众多的流派并无绝对正确与谬误之分，它们都有其存在的依据与一定的理由，与其争论谁是谁非，还不如在承认各自相对合理性的前提下，重点探索各种观点的适应条件与范围，这将会对室内设计的发展更有意义。钟摆在其摆动幅度内并无禁区，但每一具体项目则应视条件而有所侧重，室内环境所处的特定时间、环境条件、设计师的个人爱好、业主的喜好与经济状况等因素正是决定设计这个钟摆偏向何方的重要原因，也只有这样，

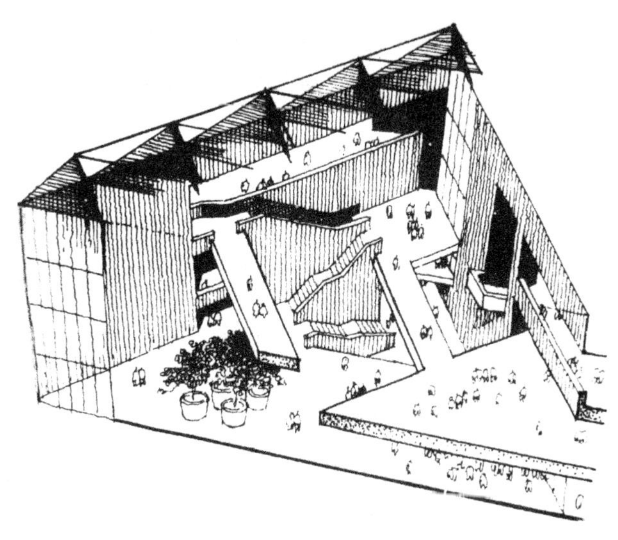

图 7-2-12　美国国家图书馆东馆中央大厅内景

才能达到多元与个性的统一，才能达到“珠联璧合、相得益彰、相映生辉、相辅相成”的境界，才能走向室内设计创作的真正繁荣。

（二）环境整体性的趋势

“环境”一词对我们来说并不陌生，对人类生存的地球而言，可以把环境分成三类，即自然环境、人为环境和半自然半人为环境。可是把它应用到室内设计领域中，其概念可能与我们平时所理解的环境就有所区别了。对于室内设计师来讲，其工作主要是创造人为环境。当然，这种人为环境中也往往带有不少自然元素，例如，在第五章的内容中，我们讲到室内景观环境的设计，其中就会涉及自然的景观，如植物、山石和水体等。如果按照范围的大小来看，环境又可以分成三个层次，即微观环境、中观环境和宏观环境，它们各自又有着不同的内涵和特点。下面我们一起来看看它们到底有何不同。

（1）微观环境是最小的环境范围，一般常指各类建筑物的内部环境。

（2）中观环境比微观环境的范围要大，常指室内空间范围以外的空间，如社区、建筑物群体及公园等室外环境。

（3）宏观环境的范围是最大的，其内容常包括太空、大气、山川森林、平原草地、城镇及乡村等。

上述三种环境之间是彼此联系、密不可分的，但是其中微观环境和中观环境与人们的生存行为关系联系比较紧密，尤其是的微观环境，因为它涉及的范围最小，所以与人们的生活联系最为密切。就微观环境中的室内环境而言，必然会与建筑、公园、城镇等环境发生各种关系，只有充分注意它们之间的有机匹配，才能创造出真正良好的内部环境。

说完环境之间的关系，我们再来谈论一下环境与室内设计之间的联系。

（1）室内设计与周围的自然景观有着很大的关系，它们也是人们居住环境的一部分，周围环境的情况对人们的居住感受也有一定的影响。

（2）设计师在设计时可以从周围的环境中汲取灵感，有利于设计师创造出更加丰富的内部环境。事实上，室内设计的风格、用色、用材、门窗位置、视觉引导、绿化选择等方面都与自然景观存在着紧密关系。

（3）从大的环境来讲，特有的文化氛围和风土人情等对室内环境有着潜移默化的影响。

总之，室内环境是环境系统中的一个重要组成部分，坚持从环境整体观出发有助于创造富有整体感、富有特色的内部环境。

五、运用新技术的趋势

随着科技的发展，各个行业都有了新的突破，建筑行业自然也不例外。科技的发展为建筑设计以及室内设计开辟了新的时代——新技术的运用绝对算是建筑行业的一个突破。建筑技术不断进步，新型建筑材料层出不穷，设计师们的设计有了更广阔的天地。新技术的运用，从建筑行业上讲，为艺术形象上的突破和创新提供了更为坚实的物质基础，从建筑行业对大自然的影响来说，为充分利用自然环境、节约能源、保护生态环境提供了可能。

纵然新技术和新材料的发现对整个行业来说是一种机遇，可同时也是一种挑战。因为对它们不熟悉，想要对其功能进行充分的发挥恐怕还不太可能，需要用它去借鉴甚至模仿常见的形式。但是，随着技术的日益成熟，以及人们对材料性能的逐渐掌握，它们的功能就能得到更好的发挥。到那时，人们就会逐渐抛弃旧有的形式和风格，创造出与之相适应的新的形式和风格。

要想将新技术和材料充分运用到实践中去，除了它们本身的性能，使用它们的主体——“人”也是非常重要的一个影响因素。毕竟不同的人的理解能力是不同的，因此，他们形成的风格也有着自己的特色。即使是同一种技术和材料，到了不同设计师的手中，也会有不同的使用方式。譬如，暴露钢筋混凝土在施工中留下的痕迹，在勒·柯布西耶的手中粗犷、豪放，而到了日本建筑师安藤忠雄的手中，则变得精巧、细腻。

新技术和新材料的运用在 20 世纪出现一个全新的局面，科技的迅速发展，使室内设计的创作得到极大地丰富，为室内环境的表现力和感染力注入了新鲜元素。譬如用材料吸热降温，利用构造通风和降温等是目前设计师正在尝试的技术。这样不仅可以降低建筑中设备的投资和运行费用，同时建筑空间的质量在主观和客观上都得到很大的改善。

总之，新材料的发现以及新技术的运用不但可以使室内环境在空间形象、环境气氛等方面有新的创举，给人以全新的感受，而且可以达到节约能源的目标。这不仅是一个新的发现，更是当代室内设计的一种重要趋势，值得我们高度重视起来。

本章总结

通过本书之前的内容，作者已经对室内设计的理论进行了解析，并对各个重要因素进行了深入研究。本章集中对室内设计的发展进行了细致的探讨及展望。通过本章内容，读者能够理清室内设计发展的脉络和现状，并且对室内设计在未来的发展趋势有一个清楚的认识，以此在理论和实践的基础上，把握好室内设计的走向，在以后的室内设计研究以及工作中不落后于时代。

参考文献

[1]宋宇豪，范旭东.浅析室内设计中“虚”空间意境的营造[J].设计，2016(11).

[2]吴智雪.3D打印技术在室内设计中的应用研究[J].科技资讯，2016(6).

[3]陈淑飞.地域意象在室内设计中的表达[J].吉林师范大学学报(人文社会科学版)，2015(6).

[4]杜雪，甘露，张卫亮.室内设计原理[M].上海：上海人民美术出版社，2014.

[5]毕秀梅.室内设计原理[M].北京：中国水利水电出版社，2009.

[6]彭彧，冯源.室内设计初步[M].北京：化学工业出版社，2014.

[7]李瑞君.室内设计原理[M].北京：中国青年出版社，2013.

[8]邓庆尧.环境艺术设计[M].济南：山东美术出版社，1995.

[9]陈苏东，陈建平，张新红，李明.商务英语翻译[M].北京：高等教育出版社，2005.

[10]王东.室内设计师职业技能手册[M].北京：人民邮电出版社，2015.

[11]张绮曼，郑曙旸.室内设计资料集[M].北京：中国建筑工业出版社，1991.

[12]刘育东.建筑的涵意[M].天津：天津大学出版社，1999.

[13]李强.室内设计基础[M].北京：北京工业出版社，2010.

[14]来增祥，陆震纬.室内设计原理[M].北京：中国建筑工业出版社，2006.

[15] 李晨 . 室内设计原理 [M] . 天津：天津大学出版社，2011.

[16] 梁敏，胡筱蕾 . 室内设计原理 [M] . 上海：上海人民美术出版社，2013.

[17] 隋洋 . 室内设计原理 [M] . 吉林：吉林美术出版社，2006.

[18] 李朝阳 . 室内空间设计 [M] . 北京：中国建筑工业出版社，1999.

[19] 王受之 . 世界现代建筑史 [M] . 北京：中国建筑工业出版社，1999.

[20] 庄夏珍 . 室内植物装饰设计 [M] . 重庆：重庆大学出版社，2006.

[21] 杨公侠 . 视觉与视觉环境 [M] . 上海：同济大学出版社，2002.

[22] 林华 . 环境艺术设计概论 [M] . 北京：清华大学出版社，1996.

[23] 霍维国，霍光 . 中国室内设计史 [M] . 北京：中国建筑工业出版社，2003.

[24] 彭一刚 . 建筑空间组合论 [M] . 北京：中国建筑工业出版社，1998.

[25] 张宗森 . 建筑装饰构造 [M] . 北京：中国建筑工业出版社，2006.

[26] 谭长亮，孙戈 . 居住空间设计 [M] . 上海：上海人民美术出版社，2007.

[27] 朱钟炎，王耀仁 . 室内环境设计原理 [M] . 上海：上海同济大学出版社，2004.

[28] 李砚祖 . 环境艺术设计 [M] . 北京：中国人民大学出版社，2005.

[29] 陈易 . 室内设计原理 [M] . 北京：中国建筑工业出版社，2006.

[30] 韩建新 . 建筑装饰构造 [M] . 北京：中国建筑工业出版社，1996.